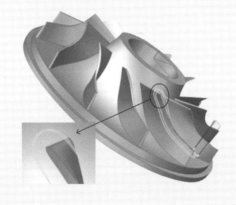

NC Machining Theory and Precision Control Method
for Thin-walled Parts

薄壁件数控加工理论
与精度控制方法

刘 钢　茅 健　张立强　章易镰 ┃ 著

华中科技大学出版社
http://www.hustp.com
中国·武汉

内 容 简 介

本书以薄壁件五轴加工技术为基础,针对曲率光顺影响刀具路径问题,从运动学角度出发,提出相关算法来控制薄壁件轮廓误差;从加工工艺参数优化和变形误差补偿两个方面实现对加工变形和精度的控制;基于 RTX 数控系统进行二次开发,实现插补、加减速规划、位置控制等功能。

本书注重理论联系实际,可供先进制造、航空薄壁件加工、数控系统开发等领域的研究人员和专业技术人员参考,也可以作为高等院校机械类专业研究生的教材或参考书。

图书在版编目(CIP)数据

薄壁件数控加工理论与精度控制方法/刘钢等著.—武汉:华中科技大学出版社,2022.10
ISBN 978-7-5680-8600-4

Ⅰ.①薄… Ⅱ.①刘… Ⅲ.①薄壁件-加工-数字控制 Ⅳ.①TH136

中国版本图书馆 CIP 数据核字(2022)第 185625 号

薄壁件数控加工理论与精度控制方法   刘　钢　茅　健　著
                                                              张立强　章易镰
Baobijian Shukong Jiagong Lilun yu Jingdu Kongzhi Fangfa

策划编辑:万亚军
责任编辑:杨赛君
封面设计:原色设计
责任监印:周治超
出版发行:华中科技大学出版社(中国·武汉)　　电话:(027)81321913
　　　　　武汉市东湖新技术开发区华工科技园　　邮编:430223
录　　排:华中科技大学惠友文印中心
印　　刷:武汉科源印刷设计有限公司
开　　本:710mm×1000mm　1/16
印　　张:10.25　插页:2
字　　数:216 千字
版　　次:2022 年 10 月第 1 版第 1 次印刷
定　　价:78.00 元

作者简介

刘钢　博士、教授，毕业于上海交通大学，曾任上海特种数控装备及工艺工程技术研究中心主任。上海市优秀技术带头人，上海市领军人才。曾获得国防科学技术进步奖一等奖、上海市科学技术奖科技进步奖一等奖等。长期致力于高端自动化装备和加工核心技术的产业化，带领团队主持了 10 项国家级重大攻关及产业化项目，交付了我国用于大型火箭筒段的三头镜像铣削设备、火箭总装搅拌焊设备、火箭筒段自动铆接机器人、国产大型航空薄壁件双五轴镜像铣机床等大量关键自动化制造装备。

茅健　博士、教授，毕业于浙江大学，香港中文大学精密工程研究所博士后，现任上海工程技术大学精密制造与装备自动化研究所所长。长期致力于研究航空薄壁件精密加工与检测、连续碳纤维 3D 打印技术等。主持和参与国家自然科学基金项目 5 项、省部级项目 10 余项。以第一完成人获得省部级科学技术奖二等奖 1 项、三等奖 1 项，发表论文被 SCI 收录 40 余篇，申请和授权发明专利 8 项。

张立强　博士、教授，毕业于上海交通大学，美国密苏里科技大学机械与航空工程系访问学者，入选上海市人才发展基金资助计划，现任上海工程技术大学机械与汽车工程学院副院长。主要从事薄壁零件的精密制造及加工质量评价研究，主持完成国家自然科学基金项目 2 项，参与国家科技重大专项"高档数控机床与基础制造装备"等课题 10 余项。在国内外刊物上发表学术论文 60 余篇，其中 SCI 收录 20 余篇，授权发明专利 3 项、软件著作权 5 项，获得中国商业联合会科学技术奖二等奖 1 项、中国机械工业科学技术奖三等奖 1 项、上海市教学成果奖二等奖 2 项。

章易镰　博士，毕业于上海交通大学，现任上海拓璞数控科技股份有限公司技术总监、上海特种数控装备及工艺工程技术研究中心副主任。上海市青年拔尖人才，上海市青年科技启明星，闵行领军人才。长期致力于航空航天高端制造技术与装备的研究及其产业化，主持和参与国家科技重大专项 6 项、省部级项目 7 项，交付了国内首条全自动高端装备民用飞机批产线、首条火箭自动化部装产线、首条航空发动机脉动装配线，保障了多种设备的研制或量产，填补国内空白。

前　　言

随着航空航天、运载工具、能源动力等行业的飞速发展,大型复杂薄壁零件被广泛采用,如螺旋桨、整体叶轮、飞机蒙皮结构件以及火箭网格壁板等。这些零件在生产加工过程中对加工精度的要求非常高,同时还要求具有较短的加工时间和非常优异的加工质量。本书以薄壁件五轴加工技术为基础,针对曲率光顺影响刀具路径问题,从运动学角度出发,提出相关算法来控制薄壁件轮廓误差,使得整个加工路径曲率光顺,从加工工艺参数优化和变形误差补偿两个方面实现对加工变形和精度的控制,基于 RTX 数控系统进行二次开发,实现插补、加减速规划、位置控制等功能,形成了薄壁件高速高精加工过程中路径与速度规划到加工变形控制与补偿的理论与方法。

全书共分为 7 章,第 1 章介绍了薄壁件和五轴加工的特点,分析了刀具轨迹规划和数控插补对零件加工质量的影响。第 2 章针对连续线段的加工采用参数曲线实现光顺过渡并解决前瞻加减速规划问题,提出了 NURBS 曲线、S 曲线加减速算法及前瞻控制算法的理论。第 3 章针对五轴线性刀路,利用系列双三次 NURBS 曲线算法,对刀具中心点平移轨迹和刀轴点平移轨迹进行拐角光顺,获得满足误差约束且达到 G^2 连续的五轴双 NURBS 曲线拐角刀路,实现刀具平移和旋转的平滑变化。第 4 章提出了中断加速度的拐角平滑算法和连续加速度的拐角平滑算法,基于跳度限制加速度曲线及其速度和加速度边界条件,结合进给运动的速度、加速度、跳度极限和指定的轮廓误差,生成曲率光顺的拐角转接轮廓,实现拐角平滑转接且使加工路径达到 G^3 连续。第 5 章基于拐角轮廓间短线段的进给运动规划,在整个加工路径实现不间断进给运动的目标,获得满足 G^1 连续的加速度轮廓,开发了在指定范围内调整最大转接速度的插补算法,使得拐角处的转接运动和拐角轮廓间短线段的进给运动的加工时间之和达到最优。第 6 章利用有限元分析软件对薄壁零件加工过程中的整体变形规律进行了分析和预测,分别从工艺控制变形和误差补偿控制变形方面对零件的加工精度控制及补偿方法进行了研究,提出了相应的工艺控制措施和补偿策略。第 7 章基于 RTX 数控系统,研究了小线段插补的数据采样算法、S 曲线加减速规划、位置控制算法,利用连续小线段间高速衔接的离散速度平滑处理,使数控机床在较高速度下获得较高的精度和柔韧性,完善了薄壁件数控加工理论与精度控制方法。

本书可供从事先进制造、航空薄壁件加工、数控系统开发等领域的研究人员和专业技术人员参考,也可以作为高等院校机械类专业研究生的教材或参考书。

本书的出版获得了国家科技重大专项(2018ZX04013001、2019ZX04020001)、国家自然科学基金项目(51305254、51775328)、上海市科委项目(22XD1433700)以及上海工程技术大学著作出版专项的支持与帮助！同时,感谢上海工程技术大学航空航天智能制造及先进工艺研究所全体老师的参与,感谢研究生张君、杜金锋、王宁、叶百胜、赵子文、刘方吉对书稿的整理。

受作者知识体系所限,本书难免存在疏漏,敬请各位读者批评、指正。今后团队会更加努力地去完善本书内容,丰富和发展薄壁件五轴高效精密加工的原理和方法,推动我国复杂薄壁零件的高效精密制造技术的发展。

刘　钢　茅　健　张立强　章易镰

2022 年 5 月于上海

目　　录

1 绪　　论

　　薄壁零件作为数字化制造的主要研究内容之一,在航空、航天、能源和国防等领域有着广泛的应用,这些零件的制造水平代表着国家制造业的核心竞争力。五轴数控加工技术具有高可达性和高精加工等优势,成为这些薄壁零件的常用加工方式。薄壁件五轴加工中的速度规划、插补算法、精度控制与补偿方法等成为数字化制造的核心问题。

1.1　薄壁件的分类

　　薄壁件可以从形状、材料、结构进行划分,按形状可分为圆环形、壳体和平板形;按材料可分为铝合金、钛合金以及复合材料等;按结构可分为框体类、整体类、梁类和复杂曲面类。因自身的结构不同,薄壁件的特点也有所差异。

1.1.1　框体类零件

　　框体类零件,作为航空航天飞行器机体结构的典型零件,是机体横向结构的主要受力部件,也是构成和保证机身径向姿态的主要结构部件。如图 1-1 所示,其结构由工件内外框曲面、加强筋结构的腹板组成。简言之,框体结构就是由腹板组成,其壁厚的范围为 1.5~2 mm。框体类零件的连接部位一般为结合槽口或者结合平面等,但在同一个框体零件中腹板厚度不一。

图 1-1　框体类零件

1.1.2　整体类壁板

整体类壁板,由筋条、蒙皮和凸台缘条等结构组成,在航空航天的承力薄壁件中应用较多,如机翼、尾翼和机身的纵向结构等,如图 1-2 所示。整体类壁板与传统的铆接或者螺栓连接件相比,优点是零件数量少、装配工艺简单,提高了表面的光顺性以及零件的抗疲劳能力;缺点是整体尺寸与截面尺寸的比值较大,相对刚性较差,容易产生加工变形。

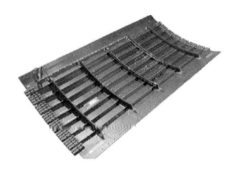

图 1-2　整体类壁板

1.1.3　梁类零件

随着航空航天构件性能要求的不断提高,梁类零件不仅要达到高强度与高刚度,还要减轻质量,故其构架比较复杂,根据截面形状来划分,其可分为工字形、U 形以及复杂的异形截面等。图 1-3 所示为一个典型的梁类零件。

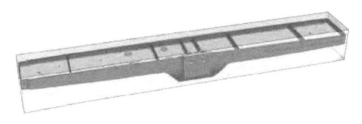

图 1-3　梁类零件

1.1.4　复杂曲面类零件

复杂曲面类零件具有形状、结构复杂及加工精度要求高等特点。随着航空航天飞行器的不断发展,复杂曲面类零件越来越多,最具有代表性的如叶轮、叶片,是航空发动机中的重要零件,如图 1-4 所示。

图 1-4 整体式叶轮

1.2 五轴数控机床简介

五轴数控机床是在三轴数控机床基础上增加两个旋转轴而构造的。五轴数控机床根据旋转轴所处的位置不同,可分为三种:五轴联动双转台机床、五轴单摆头单转台机床和五轴联动双摆头机床。通过 5 个轴的联动,五轴数控机床理论上可以使刀具在工作空间内所有方向上对零件进行加工。五轴联动加工最大的优势就是仅通过一次装夹就能加工出复杂的零部件,因而既可以有效避免重复装夹所产生的误差,又节省了重复装夹所耗费的时间。五轴数控机床是实现复杂工件精密高效制造的重要手段。

1.2.1 双转台结构五轴机床

双转台结构五轴机床是一种常见的五轴机床,具有 3 个移动轴和 2 个旋转轴,并且 2 个旋转轴都在工件运动链一侧,总体刚度较高,旋转坐标行程范围大、工艺性能好,如图 1-5 所示。Y 向溜板安装在床身上,沿床身导轨前后运动;X 向导轨安装在 Y 向溜板上,沿导轨左右运动;Z 向溜板安装在床身上,沿床身导轨上下往复运动;A 向转台安装在 X 向溜板上,围绕 X 向轴线摆动;C 向转台安装在 A 向转台上,在机床初始状态下,围绕 Z 向轴线运动。机床主轴安装在 Z 向溜板上,随 Z 向溜板做直线往复运动;刀具连同刀座固定在主轴前端的锥孔内。工件安装在 C 向转台上。

1.2.2 单转台单摆头结构五轴机床

单转台单摆头结构五轴机床以旋转轴 B 为摆头,旋转平面为 ZX 平面;旋转轴 C 为转台,旋转平面为 XY 平面。其特点如下:加工过程中工作台只旋转不摆动,主轴只在一个旋转平面内摆动,加工特点介于双转台和双摆头五轴机床之间。其旋转轴结构如图 1-6 所示。

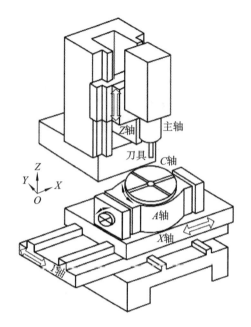

图 1-5　双转台结构五轴机床

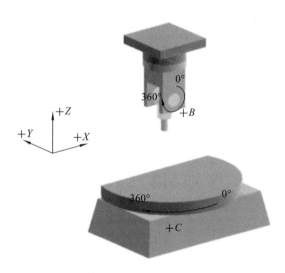

图 1-6　单转台单摆头结构五轴机床旋转轴

1.2.3　双摆头结构五轴机床

双摆头结构五轴机床的 2 个旋转轴安装在龙门架上,其摆头结构尺寸相对较大,工作台承载能力相对较大,适合加工大中型零件。图 1-7 所示为双摆头五轴龙门数控机床,旋转轴 B 轴和 C 轴回转带动刀具运动,使得刀具姿态变化相对灵活。

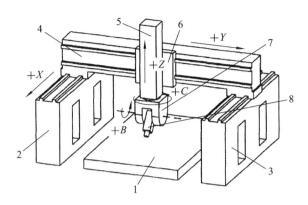

图 1-7 双摆头五轴龙门数控机床结构

1—工作台;2—左立柱;3—右立柱;4—横梁;5—主轴箱;6—滑枕;7—U 形支撑结构;8—主轴

1.3 五轴数控加工中心控制原理

1.3.1 数控机床坐标系

基本坐标系:直线进给运动的坐标(X,Y,Z),坐标轴相互关系由右手定则确定。

回转坐标系:绕 X、Y、Z 轴转动的进给坐标,坐标轴分别用 A、B、C 表示,坐标轴相互关系由右手螺旋法则而定。

数控机床坐标系如图 1-8 所示。

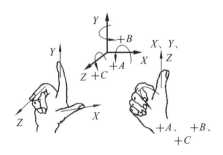

图 1-8 数控机床坐标系

1.3.2 数控机床坐标系确定方法

假设:工件固定,刀具相对于工件运动。

标准:右手笛卡儿直角坐标系——拇指(X 向),食指(Y 向),中指(Z 向)。

顺序:先确定 Z 轴(机床主轴),再确定 X 轴(装夹平面内的水平方向),最后确定 Y 轴(由右手笛卡儿直角坐标系确定)。

方向:退刀即远离工件方向确定为正方向。

1.3.3　机床原点与机床坐标系

机床原点:机床坐标系的零点,在机床调试完成后便确定了,是机床上固有的点。

机床坐标系:以机床原点为坐标系原点的坐标系,是机床固有的坐标系,具有唯一性,是数控机床中所建立的工件坐标系的参考坐标系。

1.3.4　工件原点与工件坐标系

工件原点:为编程方便,在零件、工装夹具上选定的某一点或与之相关的点。该点也可以与对刀点重合。

工件坐标系:以工件原点为零点建立的一个坐标系,编程时所有的尺寸都是基于此坐标系计算的。

工件原点偏置:指工件用夹具在机床上装夹后,工件原点与机床原点间的距离。

机床坐标系与工件坐标系如图 1-9 所示。

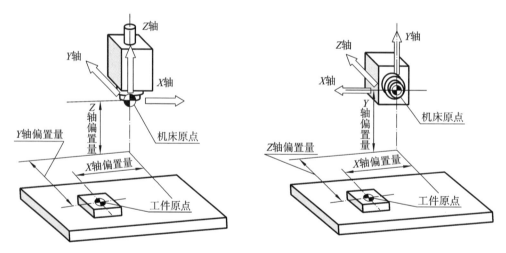

图 1-9　机床坐标系与工件坐标系

1.4　数控加工技术

五轴数控技术是非常综合性的一门技术,其中有许多关键的技术,包括零件的曲面和实体建模技术、刀具路径轨迹规划技术、数控插补技术、数控加工仿真技术、后置处理技术和伺服控制技术等,如图 1-10 所示。

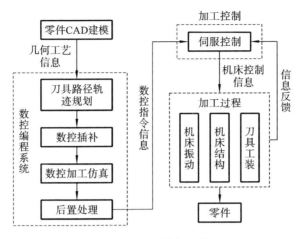

图 1-10　五轴数控加工技术

其中,刀具路径轨迹规划技术和数控插补技术在五轴数控技术中较为重要,这两项技术又分别以刀具路径光顺和速度规划为关键,能影响机床加工质量和加工效率,主要体现在几何规划和运动学两个层面。

在几何规划方面,刀具路径的几何特性会对零件加工质量产生影响,例如传统刀路为一阶线性不连续的,加工时工件表面会产生棱线,采用光顺的刀具路径,则可以避免这种现象,进而获得更好的零件表面质量。在运动学方面,加工速度会影响插补精度,进而影响加工精度。加工速度与刀具路径共同确定了机床各轴的输入命令,影响各轴运动的动态特性、跟随误差和平稳性,进而影响工件的加工质量,例如刀具路径轨迹的一阶线性不连续会使机床运动速度的方向产生突变,影响各轴的伺服跟随性能。

因此,刀具路径光顺可消除线性刀路中的一阶线性不连续,可以使机床运行具有更好的动态特性,从而改善加工质量。同时,它可以消除由于速度方向突变对进给速度的限制,进而提高加工效率。进行速度规划,在满足插补精度以及各轴伺服性能等约束的前提下,使机床尽可能快速运行,在保证加工质量的同时提高加工效率。

1.4.1　刀具路径光顺

考虑机床各轴会受到加速度和加加速度的约束,要对刀具路径(又称刀路)的几何光顺性进行处理,消除线性路径段间的一阶不连续性,使刀具路径满足 G^1 及 G^1 以上连续,从而消除进给速度方向的突变,满足机床各轴的加速度和加加速度的约束限制,提高加工过程中的实际进给速度。一旦刀具路径光顺性得到保证后,就可以采用满足跃度连续的加减速算法进行速度规划,实现速度光顺平滑变化。因而,刀具路径光顺能够有效改善加工质量,以满足高速、高精度的需求。刀具路径的几何光顺可以分为两类——全局光顺和局部光顺,如图 1-11 所示。

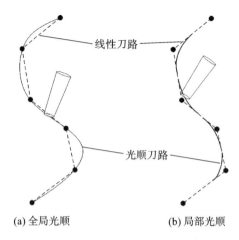

(a) 全局光顺　　　　　　　　　(b) 局部光顺

图 1-11　线性刀具路径的光顺分类

全局光顺就是对刀位点构成的线性路径,采用一条光滑的参数曲线对给定的一些刀位点直接进行插值/拟合处理,使光顺后的刀具路径满足 G^1 及 G^1 以上连续。全局光顺已经广泛应用于三轴和五轴机床加工中,通过使用四元数法、动力约束光顺法、参数曲线法等来实现刀具路径的光顺。为了避免 NURBS 曲线的不足,也有采用一些弧长与参数具有良好关系的参数曲线进行刀具路径整体光顺,包括双圆弧曲线、PH 曲线和五次样条曲线。

局部光顺是指在相邻路径的拐角处插入参数曲线,以实现刀具路径的光顺转接,消除路径的一阶线性不连续。局部光顺法的优点是光顺处理时只需处理当前数段路径,运算负担较轻,适用于在线处理,即数控系统可一边进行刀路光顺,一边进行插补控制,无须事先进行专门的刀具路径光顺处理,便于实际应用。局部光顺包括拐角光顺过渡与刀位点拟合光顺。

1.4.2　速度规划

在进行前瞻速度平滑处理及参数曲线的速度规划时,要充分考虑加减速的控制方法。根据加减速控制算法实现的先后顺序,加减速规划可分为前加减速规划和后加减速规划。前加减速规划就是在插补前执行速度规划,优点为仅对进给速度进行加减速规划,不会影响位置精度;缺点为必须要知道减速点位置。后加减速规划就是在插补后进行速度规划,对各进给轴分别进行加减速控制,优点是不用计算出减速点位置;缺点为会造成各轴位置不匹配,产生合成位置偏差,从而引起轮廓误差。

加减速规划根据其动态过程不同又可分为非柔性加减速和柔性加减速两种方式。非柔性加减速方式通常包括直线加减速与指数加减速,方程简单,比较容易实现,但是电机在启停时由于加速度突变,会引起机床振动和冲击,降低加工质量,并不适合高速高精加工。而柔性加减速方式能够实现加速度的连续平滑变化,可以有效避免对机床的冲击,因而高档数控系统往往采用柔性加减速方式进行速度规划。柔性加减速方式通常有S曲线加减速、三角函数加减速和多项式加减速等算法,其中S曲线加减速控制算法应用最为广泛。

根据加减速控制算法实现顺序的不同,前瞻速度平滑处理可分为基于前加减速规划的前瞻速度平滑处理和基于后加减速规划的前瞻速度平滑处理。基于后加减速规划的前瞻速度平滑处理不用确定减速点的位置,算法较为简单。基于前加减速规划的前瞻速度平滑处理是在插补前对路径进行光顺,根据光顺过渡是否经过相邻路径的转接点,它又可分为路径转接点通过法和路径转接点光顺过渡法两种。

1.5 本书主要内容

五轴数控加工技术涉及的研究浩如烟海,很难对其作一个十分全面的阐述。本书的重点章节是第2~7章,主要内容安排如下:

第2章介绍基于光顺过渡的前瞻速度规划理论,提出了NURBS曲线、S曲线加减速算法,以及前瞻控制算法的理论。

第3章介绍局部拐角光顺算法与光顺刀路速度规划,采用参数曲线在满足给定精度条件下,对刀位点进行逼近拟合或者插值拟合,获取光顺刀具路径。

第4章介绍基于曲率光顺的拐角插补算法,包括中断加速度的拐角平滑算法和连续加速度的拐角平滑算法。

第5章介绍独立拐角轮廓间短线段插补算法和重叠拐角轮廓插补算法。

第6章介绍薄壁零件加工变形规律的有限元分析,利用ANSYS有限元软件对薄壁零件进行加工变形分析。

第7章介绍RTX开放式数控系统的研究与开发。

本章参考文献

[1] 张宏韬,杨建国,姜辉,等.双转台五轴数控机床误差实时补偿[J].机械工程学报,2010,46(21):143-148.

[2] BEUDAERT X,LAVERNHE S,TOURNIER C.5-axis local corner rounding of linear tool path discontinuities[J]. International Journal of Machine Tools and Manufacture,2013,73:9-16.

[3] BEUDAERT X,PECHARD P Y,TOURNIER C.5-axis tool path smoothing based on drive constraints[J]. International Journal of Machine Tools and Manufacture,2011,51(12):958-965.

[4] 施法中.计算机辅助几何设计与非均匀有理B样条(修订版)[M].北京:高等教

育出版社,2013.

[5]　LIN K Y,UENG W D,LAI J Y. CNC codes conversion from linear and circular paths to NURBS curves[J]. International Journal of Advanced Manufacturing Technology,2008,39 (7-8):760-773.

[6]　ERKORKMAZ K,ALTINTAS Y. Quintic spline interpolation with minimal feed fluctuation[J]. Journal of Manufacturing Science and Engineering, Transactions of the ASME,2005,127(2):339-349.

[7]　王琦魁,李伟,陈友东,等.PH 曲线拟合在数控前瞻中的应用[J].北京航空航天大学学报,2010,35(9):1052-1056.

[8]　LI W,LIU Y D,YAMAZAKI K. The design of a NURBS pre-interpolator for five-axis machining[J]. International Journal of Advanced Manufacturing Technology,2008,36:927-935.

[9]　FLEISIG R V,SPENCE A D. Constant feed and reduced angular acceleration interpolation algorithm for multi-axis machining[J]. Computer-Aided Design, 2001,33(1):1-15.

[10]　ZHANG W,ZHANG Y F,GE Q J. Interference-free tool path generation for 5-axis sculptured surface machining using rational Bézier motions of a flat-end cutter[J]. International Journal of Production Research,2005,43 (19): 4103-4124.

[11]　杨开明,石川,叶佩青,等.数控系统轨迹段光滑转接控制算法[J].清华大学学报(自然科学版),2007,47(8):1295-1299.

[12]　张得礼,周来水.数控加工运动的平滑处理[J].航空学报,2006,27(1): 125-130.

[13]　何均,游有鹏,王化明.面向微线段高速加工的 Ferguson 样条过渡算法[J].中国机械工程,2008,19(17):2085-2089.

[14]　BI Q Z,JIN Y Q,WANG Y H,et al. An analytical curvature-continuous Bézier transition algorithm for high-speed machining for a linear tool path [J]. International Journal of Machine Tools and Manufacture,2012,57: 55-65.

[15]　吴祖育,秦鹏飞.数控机床[M].3 版.上海:上海科学技术出版社,2000.

[16]　冷洪滨,邬义杰,潘晓弘.三次多项式型微段高速自适应前瞻插补方法[J].机械工程学报,2009,45(6):73-79.

2 基于光顺过渡的前瞻速度规划理论

传统的数控系统加工复杂曲面时,加工代码由大量一阶线性不连续的线段构成,这会造成进给速度在相邻线段的转接处波动严重,系统的频繁启停、加减速,也使得机床加工效率低和零件加工质量较差。因此,在实际应用时,沿着刀具路径加工需要结合前瞻加减速控制算法。

前瞻加减速控制算法是指在插补过程中提前预读一定数量的路径段,将这些路径段放到一个预处理缓冲区,同时获得这些路径段的几何特性(包括各个路径段的长度、相邻线段间夹角等),进而计算出各拐角处的最优转接速度,然后与所选用的加减速算法相结合,实现进给速度(甚至加速度、跃度)的高速连续平滑变化。前瞻加减速控制技术将前瞻控制与加减速算法相结合,是高档数控系统不可或缺的关键技术,不仅可以提前获得加减速信息避免刀具过切,同时也可以避免系统频繁启停,大大提高实际加工速度,减小速度波动,提高加工效率,有效改善加工质量。

虽然经过前瞻加减速控制,加工速度可以得到一定的保证,但是刀路线性不连续的影响并没有从根本上消除,仍然不能获得最优的加工速度平滑变化。NURBS 曲线由于其自身的优点在 CAD/CAM 领域中得到十分广泛的应用,已经成为 STEP 标准中自由曲线曲面的表达形式。因此,在刀具路径的光顺研究中,NURBS 曲线(以及其简化格式如 B-spline 样条曲线、三次样条曲线、Bézier 曲线等)也得到广泛应用。在相邻路径转接处插入 NURBS 曲线,实现路径的光顺过渡,从而保证加工速度不因路径的突变而波动,实现连续高速加工。

针对工件坐标系下连续线段的加工,要采用参数曲线实现光顺过渡和前瞻加减速规划。本章提出 NURBS 曲线、S 曲线加减速算法及前瞻控制算法的理论,然后给出开发案例。

2.1 前瞻控制的基本原理

图 2-1 所示为线性刀路的前瞻控制示意图,P_i 为相邻刀路的转接点,A 和 B 分别为减速点和加速点。当刀具加工到 P_i 处时,由于拐角最大允许进给速度的限制,为了保证拐角处的加工精度,进给速度必须小于拐角的最大允许进给速度。这样刀具必须在拐角处进行减速,但若在拐角处突然减速,极易超出机床的最大跃度或最大加速度,对机床造成振动和冲击,产生过切,影响加工精度。因而,需要进行前瞻控

制,即根据拐角处最大允许进给速度和机床性能并结合所选用的加减速算法,获得 P_i 点前的减速点 A,以使得减速运动到 P_i 点时恰好能达到最大允许进给速度。

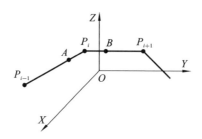

图 2-1　线性刀路的前瞻控制示意图

　　为了实现刀具运动的前瞻加减速规划控制,需明确两个关键因素:一是转接速度的确定,二是进给速度的处理。

2.1.1　转接速度的确定

　　转接速度的确定与相邻刀具轨迹的几何特性以及进给速度有关。对于图 2-1 所示的线性刀路,相邻线段间的夹角不同将影响刀具在转接处的加工速度,故可将相邻线段间的夹角作为减速特征。在进行前瞻控制过程中,首先根据相邻线段间的夹角确定转接处所允许的最大进给速度,然后将进给速度与转接速度相比较,确定是否需要提前减速。若要减速,下一步就可以根据所选用的加减速算法以及机床的加减速性能,计算出减速点 A 的位置。

2.1.2　进给速度的处理

　　在插补过程中,通过前瞻预处理,若发现路径 $P_{i-1}P_i$ 的最大进给速度大于转接点 P_i 处的转接速度,则需要提前在某一点 A 处进行减速,减速点确定的难点在于确定前瞻距离 $|AP_i|$。因此,前瞻控制中进给速度的处理主要是减速点 A 的确定,从而获得减速过程中的加速度、跃度、位移,进而得到加减速曲线。

　　减速点 A 的确定与路径 $P_{i-1}P_i$ 的最大进给速度、转接点 P_i 处的转接速度、机床的动力特性(机床最大加速度、机床最大跃度)有关,需满足以下条件:①点 P_i 处的进给速度应等于转接速度;②从 A 点减速到 P_i 点的过程中,插补所需的加速度和跃度不能超过机床的最大加速度和最大跃度。

　　图 2-2 所示为前瞻控制流程图,经 CAD/CAM 获得 NC 刀位信息,数控系统将读入的 NC 文件进行解码编译等处理,获得刀位坐标、各路径段长度以及各相邻路径段转接角度等信息,然后存入缓存区,为下一步的速度处理做准备,该过程为前瞻控制中的数据预处理阶段。速度处理模块主要是根据缓存区的数据确定各转接速度,然后与进给速度比较,判断是否需要进行减速。若需要减速,则在机床动力性能最大加速度和最大跃度的约束下,通过所选加减速算法与进给速度和转接速度的关系,确

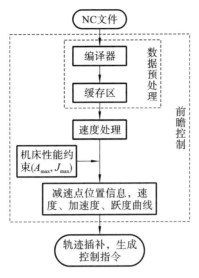

图 2-2　前瞻控制流程图

定各路径段减速点的位置及其速度,进而给出插补所需的速度、加速度、跃度曲线。

前瞻控制想要实现的功能就是在插补前对 NC 路径轨迹从整体上进行速度规划,使速度、加速度和跃度的变化满足机床动力学性能的约束,以实现最优加工过程。

2.2　S 曲线加减速规划

实现刀具路径的光顺过渡后,需要进行速度规划,此时必须选择合适的加减速控制算法。由于 S 曲线加减速具有加速度连续的优点,能有效避免机床振动和冲击,适合高速高精加工,因此在前瞻速度的平滑处理中,可采用 S 曲线加减速进行速度规划。本节首先提出针对单段路径段的 S 曲线加减速速度规划方法,然后给出采用 S 曲线加减速规划进行前瞻速度平滑处理的流程。

2.2.1　S 曲线加减速速度规划

机床各驱动轴会在启动或停止时产生振动和冲击,影响加工质量和加工效率。因此,必须选择合适的柔性加减速控制算法,对机床各轴运动进行规划控制,从而保证数控系统的精度和效率。S 曲线加减速算法的速度曲线为包含 7 段的三次样条函数,能够在加减速过程中实现加速度的连续平滑变化,有效减轻振动和冲击。高速高精数控系统中,应避免加减速起始与结束时的加速度突变,以减小机床振动,因此采用 S 曲线加减速进行速度规划。

图 2-3 所示为 S 曲线加减速的速度和加速度曲线,可分为 7 段,其中加速区包含

加加速区、匀加速区和减加速区;减速区包含加减速区、匀减速区和减减速区;加速区和减速区之间为匀速运动阶段。设跃度为 J,加速度约束为 A,段首速度为 v_s,段末速度为 v_e,最大速度为 v_{max},各阶段的时间分界点分别为 $t_1,t_2,\cdots,t_7$,各阶段的持续时间为 $T_1,T_2,\cdots,T_7$,则各阶段的跃度、加速度、速度及位移计算公式如下。

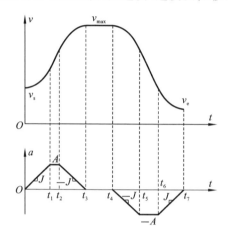

图 2-3　S 曲线加减速的速度和加速度曲线

跃度公式:

$$J(t) = \begin{cases} J, & t \in [0,t_1] \\ 0, & t \in [t_1,t_2] \\ -J, & t \in [t_2,t_3] \\ 0, & t \in [t_3,t_4] \\ -J, & t \in [t_4,t_5] \\ 0, & t \in [t_5,t_6] \\ J, & t \in [t_6,t_7] \end{cases}$$

加速度公式:

$$a(t) = \begin{cases} Jt, & t \in [0,t_1] \\ A, & t \in [t_1,t_2] \\ A-J(t-t_2), & t \in [t_2,t_3] \\ 0, & t \in [t_3,t_4] \\ -J(t-t_4), & t \in [t_4,t_5] \\ -A, & t \in [t_5,t_6] \\ -A+J(t-t_6), & t \in [t_6,t_7] \end{cases}$$

速度公式:

$$
v(t) = \begin{cases}
v_{\text{s}} + \dfrac{1}{2}Jt^2, & t \in [0,t_1] \\[2mm]
v(t_1) + A(t-t_1), & t \in [t_1,t_2], \quad v(t_1) = v_{\text{s}} + \dfrac{1}{2}Jt_1^2 \\[2mm]
v(t_2) + A(t-t_2) - \dfrac{1}{2}J(t-t_2)^2, & t \in [t_2,t_3], \quad v(t_2) = v(t_1) + A(t_2-t_1) \\[2mm]
v_{\max}, & t \in [t_3,t_4], \quad v_{\max} = v(t_2) + \dfrac{1}{2}J(t_3-t_2)^2 \\[2mm]
v_{\max} - \dfrac{1}{2}J(t-t_4)^2, & t \in [t_4,t_5], \quad v(t_5) = v_{\max} - \dfrac{1}{2}J(t_5-t_4)^2 \\[2mm]
v(t_5) - A(t-t_5), & t \in [t_5,t_6], \quad v(t_6) = v(t_5) - A(t_6-t_5) \\[2mm]
v(t_6) - A(t-t_6) + \dfrac{1}{2}J(t-t_6)^2, & t \in [t_6,t_7], \quad v_{\text{e}} = v(t_6) - \dfrac{1}{2}J(t_7-t_6)^2
\end{cases}
$$

位移公式：

$$
s(t) = \begin{cases}
v_{\text{s}}t + \dfrac{1}{6}Jt^3, & t \in [0,t_1] \\[2mm]
s(t_1) + v(t_1)(t-t_1) + \dfrac{1}{2}A(t-t_1)^2, & t \in [t_1,t_2] \\[2mm]
s(t_2) + v(t_2)(t-t_2) + \dfrac{1}{2}A(t-t_2)^2 - \dfrac{1}{6}J(t-t_2)^3, & t \in [t_2,t_3] \\[2mm]
s(t_3) + v_{\max}(t-t_3), & t \in [t_3,t_4] \\[2mm]
s(t_4) + v_{\max}(t-t_4) - \dfrac{1}{6}J(t-t_4)^3, & t \in [t_4,t_5] \\[2mm]
s(t_5) + v(t_5)(t-t_5) - \dfrac{1}{2}A(t-t_5)^2, & t \in [t_5,t_6] \\[2mm]
s(t_6) + v(t_6)(t-t_6) - \dfrac{1}{2}A(t-t_6)^2 + \dfrac{1}{6}J(t-t_6)^3, & t \in [t_6,t_7]
\end{cases}
$$

在对给定的路径段进行 S 曲线加减速速度规划时,需要根据该路径段的长度 l、段首速度 v_{s}、段末速度 v_{e}、跃度 J、加速度约束 A、命令速度 v_{c},确定 7 个阶段的运行时间,即各阶段的时间分界点 $t_1, t_2, \cdots, t_7$,进而根据计算公式确定每个插补周期的进给速度及位移。

2.2.2　S 曲线加减速进行前瞻速度平滑处理的流程

对连续线性刀路完成光顺处理后,采用 S 曲线加减速算法,进行前瞻速度平滑处理,具体包含以下三个步骤。

(1)机床坐标系线性路径段的光顺过渡处理。

构建前瞻处理缓存区,在其中保存前瞻处理时预读的 N 段路径段(N 为前瞻处理的路径段段数)。采用合适的光顺过渡方法,对前瞻处理缓存区内的路径段进行光顺处理,获取光顺过渡后的线性路径段和过渡路径段信息,包括线性路径段的起点、终点及长度,保存至光顺路径缓存区中。在插补过程中动态地对这两个缓存区进行更新:每插补完成一段路径段,则把该路径段的信息从前瞻处理缓存区及光顺路径缓存区中删除,同时读入新的一段路径段信息到前瞻处理缓存区中,并计算相关信息且保存在光顺路径缓存区中。

(2)光顺路径段转接速度的确定。

转接速度是指线性路径段和过渡路径段转接点处的进给速度,即路径段的段首速度和段末速度。最优衔接速度由以下三者中的最小值确定:由加速能力确定的最大段首速度、由给定刀具加工精度确定的最大过渡速度以及命令进给速度。

(3)对当前路径段进行 S 曲线加减速速度规划。

在获得当前路径段的段首速度和段末速度及给定的跃度、加速度约束后,就能对当前路径段进行 S 曲线加减速速度规划。

2.3　连续短线段高速加工圆弧转接前瞻控制算法

数控系统在对连续短线段进行加工时,应用较多的方法是保持原加工路径不变,在相邻转接处满足速度约束条件下,以一定的速度直接加工下一段路径。虽然该方法避免了在每段路径转接处降速为零,实现速度连续变化,但是其转接速度往往不高,导致加工效率低,同时在转接处加速度的突变会对机床造成冲击,影响工件加工质量。因此,如何在保证转接速度尽可能大的条件下进行速度平滑过渡处理,实现速度和加速度的连续变化,最大限度地提高加工效率和加工质量,已成为高速高精数控系统的一项关键技术。因此,需要建立二次 NURBS 曲线表示的圆弧过渡模型。插入的圆弧模型同时支持圆弧插补和 NURBS 插补,通用性强,且满足曲率连续,实现短线段间平滑转接。本节提出一种采用七段和五段混合双向 S 形加减速的圆弧前瞻控制算法来进行速度规划,获得速度和位移信息,实现速度和加速度的连续平滑过渡,有效避免速度和加速度突变引起的机床振动和冲击。

2.3.1　拐角圆弧过渡模型

圆弧可由二次及以上的 NURBS 曲线表示,高次 NURBS 曲线往往用来拟合特殊的组合曲线等,需要的控制顶点和权因子个数较多,对实时运算能力要求较高。因此,采用二次 NURBS 曲线表示的圆弧,对相邻线段拐角进行平滑过渡。

在实际应用中,NURBS 曲线表示圆弧要满足如下要求:最少的控制顶点数、良好的参数化、紧凑的凸包性、所含每一弧段的圆心角不能超过 90° 和一致性。这就要求相邻线段间的夹角 θ_i($i = 1, \cdots, N$)在不同范围所对应的圆弧模型不同,当 $\theta_i \in \left(0, \frac{\pi}{2}\right]$ 时,圆弧应分为两段,由二次 NURBS 曲线表示;当 $\theta_i \in \left(\frac{\pi}{2}, \pi\right)$ 时,圆弧只需单段,可由二次 NURBS 曲线表示。

1. $\theta_i \in \left(\dfrac{\pi}{2}, \pi\right)$ 的二次 NURBS 圆弧

如图 2-4 所示,二次 NURBS 曲线表示的圆弧 $C(u)$,作为拐角过渡曲线连接两相邻加工路径 Q_0Q_1 和 Q_1Q_2,控制顶点为 P_0、P_1、P_2,P_0P_1 和 P_1P_2 分别与圆弧相切于 P_0 和 P_2 点且 P_0P_1 和 P_1P_2 长度相等,权因子 $\omega_0 = \omega_2 = 1$,$\omega_1 = \cos(\theta_i/2)$,节点矢量 $\boldsymbol{U} = \{0,0,0,1,1,1\}$。此时,圆弧也可看作二次 NURBS 曲线的特例,可用二次 Bézier 曲线表示,$\angle Q_0Q_1Q_2$ 的角平分线 Q_1O_1 过圆弧圆心 O_1,与圆弧相交于中点 B_1,可得二次 NURBS 圆弧表达式为

$$C(u) = (x(u), y(u), z(u)) = \frac{\displaystyle\sum_{k=0}^{2} N_{k,2}(u)\omega_k P_k}{\displaystyle\sum_{k=0}^{2} N_{k,2}(u)\omega_k}$$

$$= \frac{(1-u)^2 P_0 + 2u(1-u)\cos(\theta_i/2)P_1 + u^2 P_2}{(1-u)^2 + 2u(1-u)\cos(\theta_i/2) + u^2} \quad (0 \leqslant u \leqslant 1)$$

2. $\theta_i \in \left(0, \dfrac{\pi}{2}\right]$ 的二次 NURBS 圆弧

利用有理二次 Bézier 曲线的结果,在节点矢量中插入一个节点 $u = 0.5$,可以得到新的二次 NURBS 曲线表示的圆弧,如图 2-5 所示。权因子 $\omega_0 = \omega_3 = 1$,$\omega_1 = \omega_2 = \cos^2(\theta/4)$,节点矢量 $\boldsymbol{U} = \{0,0,0,0.5,1,1,1\}$,控制多边形顶点为 P_0、P_1、P_2、P_3,P_0P_1 与 P_2P_3 分别在相邻加工路径段 Q_0Q_1 和 Q_1Q_2 上,分别与圆弧相切于 P_0 和 P_3 点,P_0Q_1 和 Q_1P_3 长度相等,直线 P_1P_2 与圆弧相切于中点 B_1。P_0P_1 和 P_2P_3 长度相等,且为边 P_1P_2 长度的一半,即 $|P_1P_2| = 2|P_0P_1| = 2|P_2P_3|$,可得二次 NURBS 圆弧表达式为

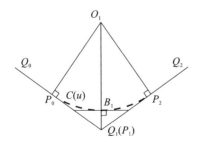
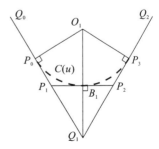

图 2-4 $\theta_i \in \left(\dfrac{\pi}{2}, \pi\right)$ 的二次 NURBS 圆弧 图 2-5 $\theta_i \in \left(0, \dfrac{\pi}{2}\right]$ 的二次 NURBS 圆弧

$$C(u) = (x(u), y(u), z(u)) = \frac{\sum\limits_{k=0}^{2} N_{k,2}(u) \omega_k P_k}{\sum\limits_{k=0}^{2} N_{k,2}(u) \omega_k}$$

$$= \begin{cases} \dfrac{(1-2u)^2 P_0 + 2u(2-3u)\cos^2(\theta_i/4) P_1 + 2u^2 \cos^2(\theta_i/4) P_2}{(1-2u)^2 + 4u(1-u)\cos^2(\theta_i/4)}, \\ (0 \leqslant u < 0.5) \\ \dfrac{2(1-u)^2 \cos^2(\theta_i/4) P_1 + 2(1-u)(3u-1)\cos^2(\theta_i/4) P_2 + (2u-1)^2 P_3}{(2u-1)^2 + 4u(1-u)\cos^2(\theta_i/4)}, \\ (0.5 \leqslant u \leqslant 1) \end{cases}$$

3. 曲率连续

通常用几何连续(G^d, d 表示次数)来评估加工路径的光顺性。若路径满足曲率连续即 G^2 连续,也就是两条连续曲线在端点处有相同的坐标和相同的切线向量,并且曲率中心重合,则能有效避免速度和加速度突变引起的机床振动和冲击,实现转接平滑过渡。由上文可知,二次 NURBS 圆弧在各结合点处切线向量重合,曲率中心就是圆心。因此,过渡圆弧是处处曲率连续的。

2.3.2 圆弧过渡前瞻控制

连续线段高速加工过程中,相邻线段拐角处加工路径将发生突变,如果不对加工速度提前进行规划控制,就可能由于超出机床动力学性能的限制而使刀具产生过切,影响加工质量和进给平稳。因此,必须加入前瞻处理功能提前获得各路径的速度信息、变速点位置信息,及时调整加工速度,使速度的变化能满足数控系统的限定和加工路径的变化。前瞻控制处理主要实现三个功能:构建基于二次 NURBS 曲线表示的圆弧过渡段、获得弦高误差和机床动力学性能限制下的最优圆弧转接速度以及实现从加工直线段至圆弧转接段过程中的加减速控制。圆弧过渡前瞻控制流程图如图 2-6 所示。

1. 圆弧构建

在相邻线段插入过渡圆弧后,加工路径的不一致会导致加工误差,这就需要保证圆弧路径加工精度在允许的误差范围内。加工误差 ε_i 主要来自两方面,一个是插入的过渡圆弧与转接线段间的轮廓误差 $\varepsilon_{i,1}$,另一个是插补时的弦高误差 $\varepsilon_{i,2}$,如图 2-7 所示。图 2-7 中,O_i 为圆弧圆心,L_i^1 为圆弧段过渡距离,L_i^0 为减速区距离,L_i^2 为加速区距离,L_i^3 为匀速区距离,r_i 为圆弧半径,$\varepsilon_{i,1}$ 为轮廓误差,$\varepsilon_{i,2}$ 为弦高误差。

因此,先以轮廓误差为限制条件来确定 NURBS 圆弧的各控制顶点,进而求出 NURBS 圆弧,具体算法如下:

第一步,由各转接点数据 Q_i 得到相邻微段间夹角 θ_i,根据夹角范围确定所用圆

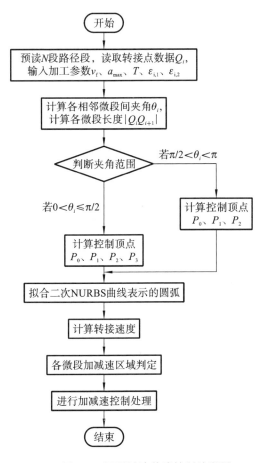

图 2-6 圆弧过渡前瞻控制流程图

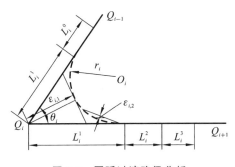

图 2-7 圆弧过渡路径分析

弧模型;

第二步,基于给定轮廓误差 $\varepsilon_{i,1}$,求出圆弧段过渡距离 L_i^1 (即拐角点到转接点的距离)、NURBS 圆弧的半径 r_i 、各控制顶点间距离 $|P_iP_{i+1}|$;

第三步,得到各控制顶点 P_i ,根据公式求出 NURBS 圆弧 $C(u)$,其中相邻线段

间的夹角 θ_i 为

$$\theta_i = \arccos\left(\frac{\overrightarrow{Q_iQ_{i-1}} \cdot \overrightarrow{Q_iQ_{i+1}}}{\mid Q_iQ_{i-1} \mid \cdot \mid Q_iQ_{i+1} \mid}\right)$$

圆弧段过渡距离 L_i^1 为

$$L_i^1 = \frac{\varepsilon_{i,1}\cos(\theta_i/2)}{1-\sin(\theta_i/2)}$$

NURBS 圆弧的半径 r_i 为

$$r_i = \frac{\varepsilon_{i,1}\sin(\theta_i/2)}{1-\sin(\theta_i/2)}$$

2. 转接速度的确定

在加工过渡圆弧过程中,转接速度必须要在弦高误差和机床动力学性能约束两方面的允许范围内。圆弧插补时的弦高误差 $\varepsilon_{i,2}$ 为

$$\varepsilon_{i,2} = r_i - \sqrt{r_i^2-(v_{i,2}T/2)^2}$$

式中, $v_{i,2}$ 为弦高误差限制卜的加工速度, T 为插补周期。

可得到在弦高误差限制下的加工速度为

$$v_{i,2} = \frac{2}{T}\sqrt{r_i^2-(r_i-\varepsilon_{i,2})^2}$$

当刀具加工拐角圆弧时,加工速度会受到法向加速度的作用,为防止加工速度超出加速度的限制,设机床提供的最大加速度为 $a_{\max}$,则在机床动力学性能限制下的加工速度 $v_{i,1}$ 需满足:

$$v_{i,1} \leqslant \sqrt{a_{\max}r_i}$$

过渡圆弧的转接速度既要满足弦高误差的精度要求和机床动力学性能的限制,又要满足机床编程加工速度 v_f 的约束,避免频繁的加减速。因此,转接速度应为这三个限制条件下速度最小的一个,即

$$v_i = \min\{v_{i,1},v_{i,2},v_f\}$$

3. 圆弧过渡速度平滑处理

(1)混合双向 S 曲线加减速控制算法。

由于加工直线段的机床编程加工速度和圆弧转接速度不一致,故加工各短线段时需要进行加减速的规划控制,以保证加工速度的平滑过渡。根据相邻圆弧转接速度 v_i 、 v_{i+1} 和编程加工速度 v_f 以及加工直线段长度 $\mid Q_iQ_{i+1} \mid$ 的具体情况不同,在进行速度平滑调整时需要考虑 7 种加减速方式,分别是只有加速区,只有减速区,只有匀速区,同时有加速区和减速区,同时有加速区、匀速区和减速区,同时有加速区和匀速区,同时有匀速区和减速区。目前比较常用的控制算法有直线加减速法、S 曲线加减速法、多项式加减速法等。

S 曲线加减速法的速度和加速度曲线如图 2-8 所示。S 曲线加减速法具有柔性好、能实现速度和加速度的连续变化、加工质量高等特点,已成为加减速算法的主要

研究方向之一。S曲线加减速算法又分为七段加减速法和五段加减速法，五段加减速法是在七段加减速法的基础上去掉匀加速段和匀减速段得到的。七段S曲线加减速算法分段方程较多，计算量大，算法实现较复杂。五段S曲线加减速算法虽然在一定程度上实现了算法的简化，但该算法的加速度是时刻变化的，不能恒定在某一个较高值，导致速度变化较慢，要花费更多的加减速时间。故采用七段和五段混合S曲线加减速控制算法更为合理，既兼顾了加工效率又能减少计算量。由S曲线加减速中加速段和减速段的对称性可知，其减速段可以看作反向加速段，这样在加减速规划中相当于只有加速段，从而可简化方程。

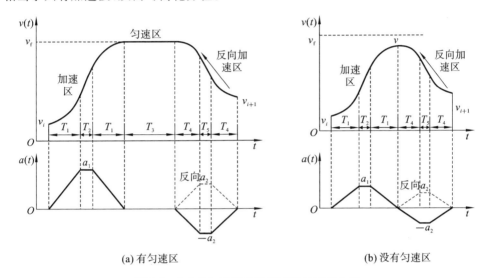

(a) 有匀速区　　　　　　　　　　　(b) 没有匀速区

图 2-8　S曲线加减速法的速度和加速度曲线

　　因此，本节提出混合双向S曲线加减速控制算法，其基本思路如下：对于第 $i+1$ 段路径，首、末速度分别为 v_i、v_{i+1}，分别从正、反两个方向加速到最大速度 v，通过比较两加速段位移 S_a、S_b 与路径长度 S 来判断速度曲线的类型。在实际应用中，系统不能预先确定加工速度能够达到编程加工速度，从而无法确定加减速的计算表达式。此时，可以先假设能够达到编程加工速度，再根据速度、位移的比较来确定所需加减速类型和对应计算方程。

　　混合双向S曲线加减速控制算法流程图如图 2-9 所示，其中，①表示速度曲线为能达到 v_f 的先加速再匀速最后减速的运动曲线。②表示若 $S_a+S_b>S$，则令 $S_a+S_b=S$，按最大速度 v 小于 v_f 的情况重新计算各速度参数，速度曲线为先加速再减速的运动曲线。③表示速度曲线为匀速运动曲线。④表示若 $S_a<S$，速度曲线为先加速再匀速的运动曲线；若 $S_a=S$，只有加速区；若 $S_a>S$，则令 $S_a=S$，按只有加速区重新计算各速度参数。⑤表示若 $S_b<S$，速度曲线为先匀速再减速的运动曲线；若 $S_b=S$，只有减速区；若 $S_b>S$，则令 $S_b=S$，按只有反向加速区重新计算各速度参数。⑥表示速度曲线为恰能达到 v_f 的先加速再减速的运动曲线。

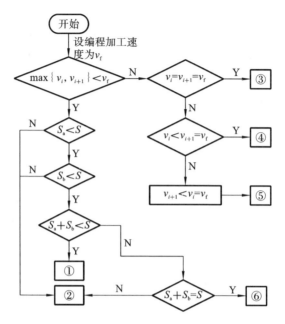

图 2-9　混合双向 S 曲线加减速控制算法流程图

（2）加速段各速度参数的确定。

以正向加速段为例进行分析，设机床加加速度为 J ，速度变化量 $\Delta v = v - v_i$（v 为 v_f 时速度变化量最大）。由于七段加减速法和五段加减速法的位移计算公式不同，因而七段和五段混合双向 S 曲线加减速法的关键是确定位移方程。由 S 曲线加减速的表达式可知，五段加减速法的加速段满足 $\Delta v = a^2 / J$ ，而七段加减速法中 $\Delta v > a^2 / J$ 。因此，通过比较 Δv 和 a^2 / J 可以确定位移为

$$S = \begin{cases} (v + v_i) \sqrt{\Delta v / J} & (\Delta v \leqslant a_{\max}^2 / J) \\ \dfrac{(v + v_i)(J \Delta v + a_{\max}^2)}{2 J a_{\max}} & (\Delta v > a_{\max}^2 / J) \end{cases}$$

具体步骤如下：

第一步，分别求出 Δv 和 $a_{\max}^2 / J$ ，进行比较，然后选择对应的位移计算公式。

第二步，当 $\Delta v \leqslant a_{\max}^2 / J$ 时，可得相应的加速段位移 S 。为了保证加速度和加加速度不超出机床允许范围，此时加速度调整为 $a = \sqrt{J \Delta v}$ ，则加加速段和减加速段时间 $T_1 = a / J$ 。

第三步，当 $\Delta v > a_{\max}^2 / J$ 时，求得加速段位移 S 。然后按照七段加减速法求解各参数，加加速段和减加速段时间 $T_1 = a_{\max} / J$ ，匀加速段时间 $T_2 = \dfrac{\Delta v}{a_{\max}} - \dfrac{a_{\max}}{J} = \dfrac{\Delta v}{a_{\max}} - T_1$ 。

(3)S 曲线加减速各类型及参数的确定。

S 曲线加减速算法计算复杂的一个因素是不同长度的加工路径对应的加减速曲线类型不同。当路径足够长时,加工速度能够达到编程加工速度,速度曲线中存在匀速段;当路径较短时,加工速度为小于编程加工速度的某一值,速度曲线中没有匀速段。

①能够达到编程加工速度的情况。

当加工路径足够长时,加工速度能够达到编程加工速度,此时速度曲线表现为由 v_i 增加到 v_f,然后匀速运动一定距离,再减速到 v_{i+1}。设加工路径长度为 S,加速区长度为 S_a,减速区(即反向加速区)长度为 S_b,加工速度能够达到 v_f 的位移需满足 $S_a + S_b \leqslant S$(其中 $S_a + S_b = S$ 时,为恰能达到 v_f 的情况,速度曲线表现为先加速到 v_f 然后减速)。此时,速度变化量 $\Delta v = v_f - v_i$、$\Delta v = v_f - v_{i+1}$ 和 $a_{\max}^2/J$ 已经确定,可以根据上节的公式求出各时间、位移参数,加减速的具体类型得以确定。当 $S_a + S_b < S$ 时,速度曲线中包含匀速区,可求得匀速区的路径长度 $S_c = S - S_a - S_b$,匀速区时间

$$T_3 = \frac{S - S_a - S_b}{v_f}。$$

②不能达到编程加工速度的情况。

若加工速度能够达到编程加工速度时有 $S_a + S_b > S$,则只有当最大加工速度小于 v_f 时才有 $S_a + S_b = S$,此时速度曲线中没有匀速段,需要重新计算各速度参数使位移满足 $S_a + S_b = S$。此时,由于最大加工速度 v 是未知的,导致 Δv 和 a^2/J 的关系不确定,因而位移表达式有多种可能形式。为了简化计算,明确位移公式,设 Δv 和 a^2/J 恰好满足五段加减速算法,可得加速区和减速区速度增量公式为

$$\begin{cases} v - v_i = a_{\max}^2/J_1 \\ v - v_{i+1} = a_{\max}^2/J_2 \end{cases}$$

位移公式为

$$\begin{cases} S_a = (v + v_i)a_{\max}/J_1 \\ S_b = (v + v_{i+1})a_{\max}/J_2 \\ S_a + S_b = S \end{cases}$$

由上式可得最大速度 $v = \sqrt{(S a_{\max} + v_i^2 + v_{i+1}^2)/2}$,进而求出各加速度 J_1、J_2 和各阶段时间 T_1、T_4。这样,基于七段和五段混合双向 S 曲线加减速控制算法的各参数计算完毕,就可以明确得出各路径的加速度、速度、位移曲线表达式。

2.4　算例与分析

为了验证所提算法的正确性和可行性,对图 2-10 所示短线段路径进行分析。设置数控加工参数:机床编程加工速度 $v_f = 100$ mm/s,最大加速度 $a_{\max} = 3000$ mm/s^2,

默认加加速度 $J=300$ m/s³,插补周期 $T=2$ ms,最大轮廓误差 $\varepsilon_{i,1}=0.5$ mm,最大弦高误差 $\varepsilon_{i,2}=0.002$ mm。

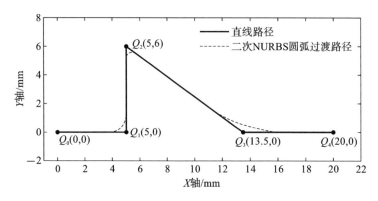

图 2-10　路径转接对比

对转接路径进行前瞻控制分析,所得数据见表 2-1,现以路径段 1 为例来说明算法的有效性。首先,获取 NURBS 圆弧后,求得路径段 1 的转接速度 $v_1=60.2$ mm/s,路径长度 $S_1=3.79$ mm。然后,对于正向加速区,由 $\Delta v=100$ mm/s $>a_{max}^2/J=30$ mm/s,求出加速区位移 $S_a=2.17$ mm;对于反向加速区,$\Delta v=39.8$ mm/s $>a_{max}^2/J=30$ mm/s,求出反向加速区位移 $S_b=1.86$ mm。此时,有 $S_a+S_b>S_1$,可知路径段 1 没有匀速区且最大加工速度小于 v_f。令 $S_a+S_b=S$,求得最大速度 $v=86.6$ mm/s,修正后的加速区位移 $S_a=2.5$ mm,反向加速区位移 $S_b=1.29$ mm。最后,由以上过程可以判断路径段 1 为没有达到 v_f 的先加速再减速的运动曲线,同理可以验证其他路径段。

表 2-1　前瞻控制算法数据

路径段	1	2	3	4
v_i/(mm/s)	60.2	35.8	100	无
S_i/mm	3.79	3.99	6.34	3.27
S_a/mm	2.17	1.86	2.13	0
S_b/mm	1.86	2.13	0	2.17
S_c/mm	无	无	4.21	1.1
最大速度 v/(mm/s)	86.6	100	100	100
加减速类型	②	⑥	④	⑤

利用 MATLAB 软件进行仿真验证,可得采用 NURBS 圆弧过渡前瞻控制算法和对未进行拐角转接过渡的直线路径分别采用直线加减速控制算法、S 曲线加减速控制算法(二者统称为直接过渡法)三种加工方式下的加工误差对比图(图 2-11)、速度曲线对比图(图 2-12)和加速度曲线对比图(图 2-13),分析可得:

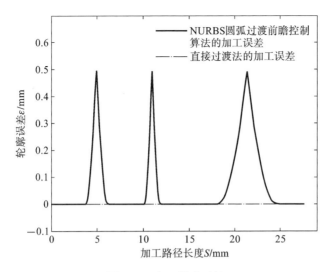

图 2-11 加工误差对比

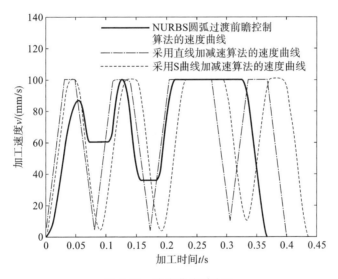

图 2-12 速度曲线对比图

(1) 由图 2-10 可知,插入的圆弧使拐角转接路径更加光顺,避免了直接加工拐角,大大减轻加工拐角时机床的振动和冲击,提高了工件加工质量。由图 2-11 分析知,虽然在拐角处会产生轮廓误差,但是 NURBS 圆弧过渡前瞻控制算法的轮廓误差在最大加工误差 0.5 mm 的控制范围内,因而能够满足工件的加工精度要求。

(2)由图 2-12 可知,采用 NURBS 圆弧过渡前瞻控制算法相比另外两种算法能够以较高的速度实现拐角平滑过渡,加工时间分别缩短 0.032 s、0.068 s,加工效率分别提高 8%、15.5%。尤其是夹角在 [90°,180°) 范围时,角度越大,转接速度越高,例如 Q_3 点处的转接速度为最大加工速度 100 mm/s,避免系统频繁加减速,加工效率

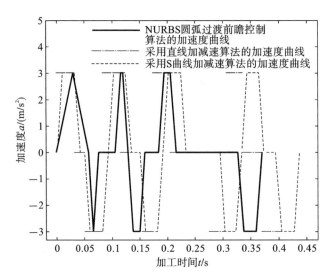

图 2-13　加速度曲线对比图

更高。高速加工中相邻线段间的夹角一般都处于$[90°,180°)$范围内,可见随着加工路径的增多,加工效率的提升必将更加明显。采用 NURBS 圆弧过渡前瞻控制算法可以实现加速度、速度的连续平滑转接,因而能够有效避免加速度和速度突变引起的刀具振动、过切,大大提高零件加工质量。直线加减速算法虽然能实现速度平滑,但是加速度的跃变,会引起刀具剧烈振动,极大地影响加工质量,见表 2-2。虽然采用 S 曲线加减速算法亦可实现加速度、速度的平滑转接,但是减速频繁且转接速度不高,因而加工效率不高。

综上,NURBS 圆弧过渡前瞻控制算法有效且可行,相较直接过渡法能够有效提高加工效率,改善零件加工质量。

表 2-2　加工状态

算法	振动情况		加工时间 t/s
	路径段内	路径段间	
NURBS 圆弧过渡前瞻控制算法	无	轻微	0.37
S 曲线加减速算法	无	明显	0.438
直线加减速算法	明显	剧烈	0.402

本章参考文献

[1]　武跃. 五轴联动数控加工后置处理研究[D]. 上海:上海交通大学,2009.

[2]　LASEMI A,XUE D Y,GU P H. Recent development in CNC machining of freeform surfaces:a state-of-the-art review[J]. Computer-Aided Design,2010,

42(7):641-654.

[3] MAKHANOV S S. Adaptable geometric patterns for five-axis machining: a survey[J]. International Journal of Advanced Manufacturing Technology, 2010,47(9):1167-1208.

[4] 陈良骥,程俊伟,王永章.环形刀五轴数控加工刀具路径生成算法[J].机械工程学报,2008,44(3):205-212.

[5] BEUDAERT X,LAVERNHE S,TOURNIER C. 5-axis local corner rounding of linear tool path discontinuities[J]. International Journal of Machine Tools and Manufacture,2013,73:9-16.

[6] 施法中.计算机辅助几何设计与非均匀有理B样条(修订版)[M].北京:高等教育出版社,2013.

[7] 王琦魁,李伟,陈友东,等. PH曲线拟合在数控前瞻中的应用[J].北京航空航天大学学报,2010,35(9):1052-1056.

[8] BI Q Z, JIN Y Q, WANG Y H, et al. An analytical curvature-continuous Bézier transition algorithm for high-speed machining for a linear tool path[J]. International Journal of Machine Tools and Manufacture,2012,57:55-65.

[9] TSAI M S, NIEN H W, YAU H T. Development of a real-time look-ahead interpolation methodology with spline-fitting technique for high-speed machining[J]. International Journal of Advanced Manufacturing Technology, 2010,47 (5-8):621-638.

[10] TULSYAN S, ALTINTAS Y. Local toolpath smoothing for five-axis machine tools[J]. International Journal of Machine Tools and Manufacture, 2015,96:15-26.

[11] 王政皓,刘洋,王嘉琦,等.基于差分插补原理的前瞻速度控制规划[J].制造技术与机床,2019(10):146-149.

[12] 王海涛.数控系统速度前瞻控制算法及其实现[D].江苏:南京航空航天大学,2011.

[13] 黄建,宋爱平,陶建明,等.数控运动相邻加工段拐角的平滑转接方法[J].上海交通大学学报,2013,47(5):734-739.

[14] SCHNEIDER P J,EBERLY D H.计算机图形学几何工具算法详解[M].周长发,译.北京:电子工业出版社,2005.

[15] 侯金枝.NURBS插补算法的研究与开放式数控系统开发[D].沈阳:东北大学,2008.

3 局部拐角光顺算法与光顺刀路速度规划

与传统的三轴数控加工相比,五轴数控加工由于引入两个旋转轴,能够加工更加复杂的曲面零件,具有高速、高精度的特点。五轴高速高精加工的一大难点是刀具路径的光顺问题,目前一些 CAM 软件只能通过一系列连续线段逼近复杂曲面的方式生成由离散刀位构成的五轴线性刀路,生成的五轴线性刀路是一阶线性不连续的,导致刀具加工运动时,速度和加速度会在线性路径的拐角处发生突变,影响工件的加工质量。因而,实现刀具路径的光顺,能够有效提高加工速度和加工精度。

线性刀具路径的光顺主要分为全局光顺和局部光顺,如图 1-11 所示。全局光顺就是采用参数曲线在满足给定精度条件下,对刀位点进行逼近拟合或者插值拟合,获取达到 G^1 及 G^1 以上连续的光顺刀具路径。针对工件坐标系下的五轴线性刀路,通过插入一系列双三次 NURBS 曲线的方法,分别对刀具中心点平移轨迹和刀轴点平移轨迹进行拐角光顺,获得满足误差约束且达到 G^2 连续的五轴双 NURBS 曲线拐角刀路,从而消除线性刀路的一阶不连续,实现拐角光顺,有效提高零件加工质量和加工速度。在此基础上,分别构建过渡路径和平移路径的参数同步关系,实现刀具平移和旋转的平滑变化。

3.1 五轴路径局部拐角光顺算法

3.1.1 五轴路径拐角双 NURBS 曲线的表示

五轴加工中,经 CAM 生成的五轴刀位包含一系列刀具中心点位置 $\{A_i = (x_{ai}, y_{ai}, z_{ai}), i = 1, \cdots, m\}$ 和一系列刀轴矢量信息 $\{O_i = (o_{xi}, o_{yi}, o_{zi}), i = 1, \cdots, m\}$。因此,工件坐标系下的五轴线性路径可以由两条线性路径构成,一条为刀具中心点构成的线性路径,另一条为由刀轴上另一点(简称刀轴点)$\{B_i = (x_{bi}, y_{bi}, z_{bi}), i = 1, \cdots, m\}$ 构成的线性路径,如图 3-1 所示。刀轴矢量 O_i 可以由任意时刻相对应的刀具中心点和刀轴点 $\{A_i, B_i\}$ 确定,刀具中心点、刀轴点和刀轴矢量满足如下关系:

$$B_i = A_i + H \cdot O_i$$

$$O_i = \frac{B_i - A_i}{|B_i - A_i|}$$

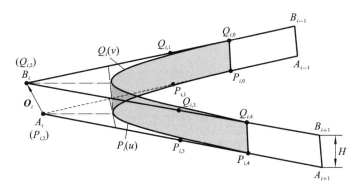

图 3-1　五轴线性路径和拐角双 NURBS 过渡曲线

所谓曲率连续,就是两线段在交点处具有相同的曲率中心。曲率连续的路径能够有效避免因为路径改变而引起的速度和加速度的突变,同时曲率连续的 NURBS 曲线最低次数为三次,故采用两条三次 NURBS 曲线分别对五轴线性路径的刀具中心点和刀轴点进行光顺,获得曲率连续的光滑路径。双 NURBS 曲线是由 5 个控制顶点进行约束的且节点矢量 $\boldsymbol{U} = \{0,0,0,0,0.5,1,1,1,1\}$,可表示为

$$
\begin{cases}
P_i(u) = \dfrac{\displaystyle\sum_{j=0}^{4} N_{j,3}(u) w_j P_{i,j}}{\displaystyle\sum_{j=0}^{4} N_{j,3}(u) w_j}, & u \in [0,1] \\[4ex]
Q_i(v) = \dfrac{\displaystyle\sum_{j=0}^{4} N_{j,3}(v) w_j Q_{i,j}}{\displaystyle\sum_{j=0}^{4} N_{j,3}(v) w_j}, & v \in [0,1]
\end{cases}
$$

其中,$N_{j,3}(u)$ 为第 j 个 3 次 B 样条基函数,定义如下:

$$
\begin{cases}
N_{j,3}(u) = \dfrac{u - u_j}{u_{j+3} - u_j} N_{j,2}(u) + \dfrac{u_{j+4} - u}{u_{j+4} - u_{j+1}} N_{j+1,2}(u) \\[3ex]
N_{j,0}(u) = \begin{cases} 1, & u_j \leqslant u < u_{j+1} \\ 0, & \text{其他} \end{cases}
\end{cases}
$$

3.1.2　刀具中心点线性路径的拐角光顺

五轴线性路径的拐角光顺实际上为三轴拐角光顺的扩展,采用一条三次 NURBS 曲线对平移路径拐角进行平滑过渡,且用另一条三次 NURBS 曲线对刀轴点路径拐角进行平滑过渡,通过双 NURBS 曲线实现五轴路径的拐角平滑过渡,在保证平移路径光顺的情况下,确保刀轴旋转光顺。因此,以刀具中心点平移路径为例,在满足精度约束且 G^2 连续的条件下构建 NURBS 拐角过渡模型。

1. 拐角过渡模型的构建

如图 3-2 所示,以刀具中心点平移路径为例,构建拐角过渡模型。相邻两线段分别为 $A_{i-1}A_i$ 和 A_iA_{i+1} ,相应的单位矢量分别为 $\boldsymbol{E}_{i,1}$ 和 $\boldsymbol{E}_{i+1,1}$,两矢量间的夹角 $\alpha_i \in [0,\pi]$ 。构建三次 NURBS 曲线 $P_i(u)$ 对拐角进行光顺,五个控制顶点为 $P_{i,0}$ 、 $P_{i,1}$ 、 $P_{i,2}$ 、 $P_{i,3}$ 、 $P_{i,4}$,权因子 $w_{i,0} = w_{i,4}$, $w_{i,1} = w_{i,3}$, $w_{i,2}$,节点矢量 $\boldsymbol{U} = \{0,0,0,0,0.5,1,1,1,1\}$ 。控制顶点 $P_{i,2}$ 和刀位点 A_i 重合,便于对 NURBS 曲线进行定位, $P_{i,0}$ 、 $P_{i,1}$ 和 $P_{i,3}$ 、 $P_{i,4}$ 分别对称地位于线段 $A_{i-1}A_i$ 和 A_iA_{i+1} 上,且满足:

$$L_{i,1} = |P_{i,0}A_i| = |A_iP_{i,4}|$$

$$2d_{i,1} = |P_{i,1}A_i| = |A_iP_{i,3}|$$

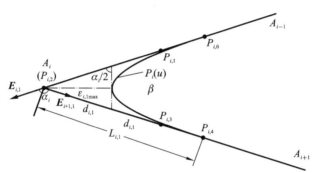

图 3-2 拐角 NURBS 曲线过渡模型

其中, $L_{i,1}$ 为 NURBS 曲线的过渡长度。由文献可知, $L_{i,1}/2d_{i,1} = |P_{i,0}A_i|/|P_{i,1}A_i| \in [1.4,1.75]$ 。若 $L_{i,1}/2d_{i,1}$ 越接近 1,则 $P_{i,0}$ 和 $P_{i,1}$ 越趋于重合,曲线与线段将不再是 G^2 连续,会导致速度波动;若 $L_{i,1}/2d_{i,1}$ 太大,则生成较长的 NURBS 曲线,将会花费较多加工时间。故设 $L_{i,1}/2d_{i,1} = 1.5$ 。此时,由上式可得:

$$L_{i,1} = 1.5|P_{i,1}A_i| = 1.5|A_iP_{i,3}| = 3d_{i,1}$$

$$|P_{i,1}A_i| = |A_iP_{i,3}| = \frac{2}{3}L_{i,1}$$

在已知各刀位点和过渡长度后,NURBS 曲线的各个控制顶点在平移线段上的位置就可以求得:

$$\begin{cases} P_{i,0} = A_i - L_{i,1}\boldsymbol{E}_{i,1} \\ P_{i,1} = A_i - \dfrac{2}{3}L_{i,1}\boldsymbol{E}_{i,1} \\ P_{i,2} = A_i \\ P_{i,3} = A_i + \dfrac{2}{3}L_{i,1}\boldsymbol{E}_{i+1,1} \\ P_{i,4} = A_i + L_{i,1}\boldsymbol{E}_{i+1,1} \end{cases}$$

其中,过渡长度 $L_{i,1}$ 应该满足系统预设误差 ε 的约束,通过过渡长度与逼近误差的解析关系,可以获得过渡长度。

2. 过渡曲线的逼近误差

在相邻线性段拐角处插入过渡曲线后,由于加工路径不一致势必会引起加工误差,因此插入的 NURBS 曲线必须满足逼近误差的限制。由 $P_i(u)$ 关于 $\angle A_{i-1}A_iA_{i+1}$ 的角平分线的对称性可知,过渡曲线与两线性段间的最大误差为曲线中点至顶点 A_i 的距离,即 $|P_i(0.5)A_i|$。设过渡曲线与两线性段间的误差为 $\varepsilon_{i,1}$,最大误差为 $\varepsilon_{i,1\max}$,系统预设误差为 ε。如果 $\varepsilon_{i,1\max} \leqslant \varepsilon$,则过渡曲线与两线性段间的逼近误差就可以得到保证。

过渡曲线的逼近误差可以表示为

$$\varepsilon_{i,1} \leqslant \varepsilon_{i,1\max} = \frac{2w_{i,1}L_{i,1}\sin(\alpha_i/2)}{3(w_{i,1}+w_{i,2})} \leqslant \varepsilon$$

因为

$$\varepsilon_{i,1} \leqslant \varepsilon_{i,1\max} = |P_i(0.5)A_i| = |P_i(0.5) - A_i|$$

$$= \left| \frac{w_{i,1}P_{i,1} + 2w_{i,2}P_{i,2} + w_{i,3}P_{i,3}}{w_{i,1} + 2w_{i,2} + w_{i,3}} - P_{i,2} \right|$$

$$= \left| \frac{w_{i,1}\left(P_{i,2} - \dfrac{2}{3}L_{i,1}\boldsymbol{E}_{i,1}\right) + 2w_{i,2}P_{i,2} + w_{i,3}\left(P_{i,2} + \dfrac{2}{3}L_{i,1}\boldsymbol{E}_{i+1,1}\right)}{w_{i,1} + 2w_{i,2} + w_{i,3}} - P_{i,2} \right|$$

$$= \left| \frac{P_{i,2}(w_{i,1} + 2w_{i,2} + w_{i,3}) + \dfrac{2}{3}L_{i,1}(w_{i,3}\boldsymbol{E}_{i+1,1} - w_{i,1}\boldsymbol{E}_{i,1})}{w_{i,1} + 2w_{i,2} + w_{i,3}} - P_{i,2} \right|$$

$$= \left| P_{i,2} + \frac{w_{i,1}L_{i,1}(\boldsymbol{E}_{i+1,1} - \boldsymbol{E}_{i,1})}{3(w_{i,1}+w_{i,2})} - P_{i,2} \right| = \frac{w_{i,1}L_{i,1}}{3(w_{i,1}+w_{i,2})}|\boldsymbol{E}_{i+1,1} - \boldsymbol{E}_{i,1}|$$

$$= \frac{2w_{i,1}L_{i,1}\sin(\alpha_i/2)}{3(w_{i,1}+w_{i,2})}$$

其中, $|\boldsymbol{E}_{i+1,1} - \boldsymbol{E}_{i,1}| = \sqrt{2(1-\cos\alpha_i)} = 2\sin(\alpha_i/2)$。

3. 过渡长度与逼近误差的解析关系

由上文可知,过渡长度 $L_{i,1}$ 应该满足系统预设误差 ε 的约束,此时过渡长度 $L_{i,1}$ 可由下式确定:

$$L_{i,1} = \frac{3(w_{i,1}+w_{i,2})\varepsilon_{i,1\max}}{2w_{i,1}\sin(\alpha_i/2)} \leqslant \frac{3(w_{i,1}+w_{i,2})\varepsilon}{2w_{i,1}\sin(\alpha_i/2)}$$

当 $\varepsilon_{i,1\max} = \varepsilon$ 时,过渡长度最大,可表示为

$$L_{i,1} = \frac{3(w_{i,1}+w_{i,2})\varepsilon}{2w_{i,1}\sin(\alpha_i/2)}$$

同时,相邻拐角间的过渡长度之和应该不超过所处的线性段,即

$$\begin{cases} L_{i-1,1} + L_{i,1} \leqslant |A_{i-1}A_i| \\ L_{i,1} + L_{i+1,1} \leqslant |A_iA_{i+1}| \end{cases}$$

所以可取

$$L_{i,1} \leqslant \min\{0.5|A_{i-1}A_i|, 0.5|A_iA_{i+1}|\}$$

这样过渡曲线的过渡长度就可以获得：

$$L_{i,1} = \min\left\{0.5\,|A_{i-1}A_i|\,,0.5\,|A_iA_{i+1}|\,,\frac{3(w_{i,1}+w_{i,2})\varepsilon_{i,1\max}}{2w_{i,1}\sin(\alpha_i/2)}\right\}$$

3.1.3　G^2连续的五轴路径拐角双 NURBS 曲线过渡模型

根据刀具中心点平移路径拐角过渡模型的构建方法，可以构建刀轴点平移路径拐角过渡模型，如图 3-3 所示。NURBS 曲线 $P_i(u)$ 光顺刀具中心点路径的拐角 $\angle A_{i-1}A_iA_{i+1}$，曲线最大偏差为 $\varepsilon_{i,1\max}$。NURBS 曲线 $Q_i(v)$ 光顺刀轴点路径的拐角 $\angle B_{i-1}B_iB_{i+1}$，曲线最大偏差为 $\varepsilon_{i,2\max}$。如果 $\varepsilon_{i,1\max}$ 和 $\varepsilon_{i,2\max}$ 均满足系统误差的限制，那么过渡路径的精度就可以得到保证，即

$$\max\{\varepsilon_{i,1\max}\,,\varepsilon_{i,2\max}\}\leqslant \varepsilon$$

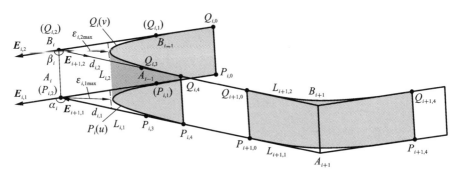

图 3-3　五轴拐角双 NURBS 曲线过渡模型

上式的难点在于两条曲线的最大偏差如何确定，对应刀位的刀轴点与刀具中心点的距离应该为一个定值 H，以拐角曲线的初始刀位点 $(P_{i,0},Q_{i,0})$ 为例，应满足如下方程：

$$|Q_{i,0}-P_{i,0}| = H$$

对方程左边展开：

$$
\begin{aligned}
|Q_{i,0}-P_{i,0}| &= |(B_i-L_{i,2}\boldsymbol{E}_{i,2})-(A_i-L_{i,1}\boldsymbol{E}_{i,1})|\\
&= |(B_i-A_i)+L_{i,1}\boldsymbol{E}_{i,1}-L_{i,2}\boldsymbol{E}_{i,2}|\\
&= \left|H\cdot\boldsymbol{O}_i+\frac{3\varepsilon_{i,1\max}\boldsymbol{E}_{i,1}}{\sin(\alpha_i/2)}-\frac{3\varepsilon_{i,2\max}\boldsymbol{E}_{i,2}}{\sin(\beta_i/2)}\right|\\
&\geqslant H+\frac{3\varepsilon_{i,1\max}}{\sin(\alpha_i/2)}-\frac{3\varepsilon_{i,2\max}}{\sin(\beta_i/2)}
\end{aligned}
$$

要使上述等式成立，则有

$$\frac{3\varepsilon_{i,1\max}}{\sin(\alpha_i/2)}-\frac{3\varepsilon_{i,2\max}}{\sin(\beta_i/2)} = 0$$

可得

$$\frac{\varepsilon_{i,1\max}}{\varepsilon_{i,2\max}} = \frac{\sin(\alpha_i/2)}{\sin(\beta_i/2)}$$

这样就可以确定 $\varepsilon_{i,1\max}$ 和 $\varepsilon_{i,2\max}$,进而计算出两条曲线对应的过渡长度,然后分别将过渡长度代入公式,可得过渡曲线的各个控制顶点位置信息,最后获得拐角双 NURBS 曲线,其流程如图 3-4 所示。

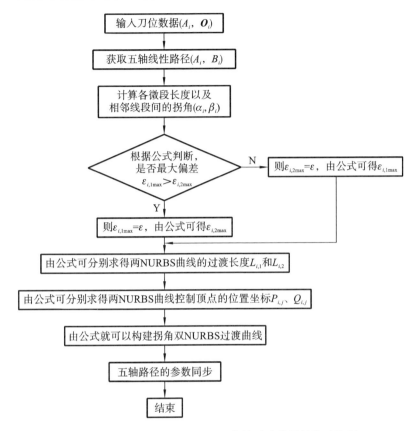

图 3-4 五轴路径拐角双 NURBS 曲线过渡模型的构建流程

3.2 G^2 连续的五轴路径的参数同步

五轴线性路径拐角光顺曲线构建后,虽然可以获得 G^2 连续的光顺路径,但是在五轴加工时刀具的插补运动不仅要实现刀具中心点平移轨迹速度的平滑变化,同时要实现刀轴点轨迹的刀轴旋转运动的平滑变化,这就需要同时考虑刀具中心点的平移轨迹与刀轴点曲线表示的刀轴矢量间的同步运动关系。光顺后的五轴路径为包含线性段和曲线段的双轨迹,故要分别构建拐角双 NURBS 曲线间的参数同步和线性路径段双轨迹间的同步,进而实现刀具平移轨迹与刀具旋转轨迹的同步。

3.2.1 拐角双 NURBS 曲线的参数同步

分析刀具沿着五轴双 NURBS 曲线插补可知,刀具中心点拐角曲线 $P_i(u)$ 与刀轴点拐角曲线 $Q_i(v)$ 是平行并列的,因此任意时刻曲线 $P_i(u)$ 的参数 $u \in [u_n, u_{n+1}]$ 时,曲线 $Q_i(v)$ 必存在相应的参数 $v \in [v_n, v_{n+1}]$。同时,刀具沿着拐角双 NURBS 曲线刀路插补时,刀轴长度始终保持固定值,即刀具中心点与刀轴点间的距离 H 为固定值。基于以上两点,构建双 NURBS 曲线间的参数同步模型,实现刀具沿双 NURBS 曲线同步平滑运动,方法如下。

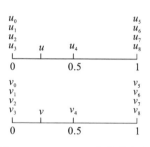

图 3-5 双 NURBS 曲线的参数同步示意图

图 3-5 所示为双 NURBS 曲线间的参数同步示意图,对于任意 $u \in [u_n, u_{n+1}]$,必存在 $v \in [v_n, v_{n+1}]$,$n = 3, 4$,满足如下方程:

$$|Q_i(v) - P_i(u)| = H$$

在已知刀具中心点过渡曲线 $P_i(u)$ 的参数 u 后,上式实际转化为下式在给定有根区间内求解的问题。

$$\varphi(v) = |Q_i(v) - P_i(u)|^2 - H^2 = 0$$

通过上式就可以在刀轴点过渡曲线 $Q_i(v)$ 上获得对应的参数 v,进而可以求得刀具中心点对应位置处刀具旋转的单位刀轴矢量:

$$\boldsymbol{O}_i = \frac{Q_i(v) - P_i(u)}{|Q_i(v) - P_i(u)|}$$

刀具旋转运动的连续平滑变化可以根据刀轴矢量对刀具中心点位移的导数来验证。由于 NURBS 曲线的参数 u 不能直接反映刀具运动的位置信息,需要构建参数 u 与位移 s 间的关系。设 u 与 s 间的关系为一条 C^3 连续的 9 次样条 $u = f(s)$,参数 u 与参数 v 之间的关系为 $v = g(u)$,则有

$$\frac{\mathrm{d}\boldsymbol{O}_i}{\mathrm{d}s} = \frac{\mathrm{d}\boldsymbol{O}_i}{\mathrm{d}u} \cdot \frac{\mathrm{d}u}{\mathrm{d}s} = \frac{\mathrm{d}\dfrac{Q_i(g(u)) - P_i(u)}{|Q_i(g(u)) - P_i(u)|}}{\mathrm{d}u} \cdot f'(s)$$

$$= \frac{Q_i'(g(u))g'(u) - P_i'(u)}{|Q_i(g(u)) - P_i(u)|} \cdot f'(s)$$

可见,刀具旋转运动是平滑变化的。这样,五轴拐角路径过渡插补过程中的刀位信息(刀具中心点和刀具方向的位置信息)就可以确定下来。

3.2.2 线性路径段的同步

五轴拐角路径同步完毕后,剩下的五轴线性路径为 $(P_{i,4}, Q_{i,4})$ 和 $(P_{i+1,0}, Q_{i+1,0})$ 间的线性路径。因此,可以通过平移路径和旋转路径的线性同步实现五轴线性路径的同步插补,定义如下:

$$\frac{\left|A_{i,n} - P_{i,4}\right|}{\left|P_{i+1,0} - P_{i,4}\right|} = \frac{\theta_{i,n}}{\theta_i} = x_{i,n}$$

如图 3-6 所示，$P_{i,4}$ 和 $P_{i+1,0}$ 为平移轨迹上的位置点，$A_{i,n}$ 为刀具中心点平移轨迹上 $P_{i,4}$ 和 $P_{i+1,0}$ 之间的任意位置，可得

$$A_{i,n} = (1 - t_n)P_{i,4} + t_n P_{i+1,0}, \quad t_n \in [0,1]$$

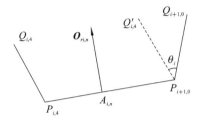

图 3-6　线性路径的同步

θ_i 为线性路径段起始刀轴矢量 $\overrightarrow{P_{i,4}Q_{i,4}}$ 和结束刀轴矢量 $\overrightarrow{P_{i+1,0}Q_{i+1,0}}$ 间的夹角：

$$\theta_i = \arccos\left(\frac{\overrightarrow{P_{i,4}Q_{i,4}} \cdot \overrightarrow{P_{i+1,0}Q_{i+1,0}}}{\left|P_{i,4}Q_{i,4}\right| \cdot \left|P_{i+1,0}Q_{i+1,0}\right|}\right)$$

$\theta_{i,n}$ 为平移轨迹上任意刀位对应的起始刀轴矢量与结束刀轴矢量间的夹角。

这样，刀具中心点平移轨迹上 $P_{i,4}$ 和 $P_{i+1,0}$ 之间的任意位置对应的刀轴矢量为

$$\boldsymbol{O}_{ri,n} = \overrightarrow{P_{i,4}Q_{i,4}}\cos\theta_{i,n} + (\boldsymbol{O}_{i,4} \cdot \boldsymbol{E}_{i,1}) \cdot \boldsymbol{E}_{i,1} \cdot (1 - \cos\theta_{i,n}) + (\boldsymbol{E}_{i,1} \cdot \boldsymbol{O}_{i,4})\sin\theta_{i,n}$$

其中，$\boldsymbol{O}_{i,4}$ 为刀轴矢量 $\overrightarrow{P_{i,4}Q_{i,4}}$ 的单位矢量，即

$$\boldsymbol{O}_{i,4} = \frac{Q_{i,4} - P_{i,4}}{\left|Q_{i,4} - P_{i,4}\right|}$$

这样五轴线性路径的拐角过渡路径和线性路径同步完毕，刀具中心点平移路径和刀轴点平移路径就可以实现同步插补。

3.2.3　算例仿真

上述双三次 NURBS 局部拐角光顺算法对五轴线性刀路进行平滑过渡用下面两个例子来验证。第一个例子包含四个刀位坐标的五轴线性刀具路径，用来验证光顺后的路径是否满足所要求的精度；第二个例子是在五轴双转台上进行叶轮叶片的侧铣加工实验，证明所提出的光顺过渡算法的可应用性。

1. 仿真实验

叶轮叶片进行侧铣加工所需的线性刀路由离散刀位构成，通过 UG 对叶轮建模，然后进行仿真加工生成加工刀路，获得工件坐标系下的 G^1 线性刀位点数据。叶轮叶片加工线性轨迹如图 3-7 所示。刀位坐标有刀具中心点坐标 A_i 和刀轴点坐标 B_i，为便于描述，选取其中的 4 个刀位进行分析说明，表 3-1 给出了所选 4 个刀位的数据。这 4 个刀位在工件坐标系下的线性路径仿真图可以由 MATLAB 生成，如图 3-8 所示。然后采用双 NURBS 曲线拐角光顺算法对五轴线性路径进行拐角光顺过渡，如图 3-9 所示。

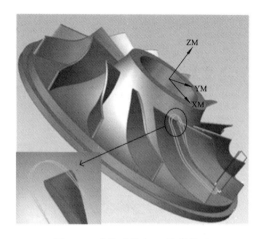

图 3-7　叶轮叶片加工线性轨迹

表 3-1　工件坐标系下 4 个刀位的数据

序号	刀具中心点 A_i/mm	刀轴点 B_i/mm
1	(174.1311, -6.4621, -68.1138)	(174.2154, -7.4301, -58.1611)
2	(176.0862, -6.8579, -68.1299)	(176.2593, -7.9576, -58.1921)
3	(178.2366, -8.4623, -68.2326)	(178.4059, -9.7816, -58.3215)
4	(179.5084, -11.8775, -68.4966)	(179.5424, -13.4244, -58.6170)

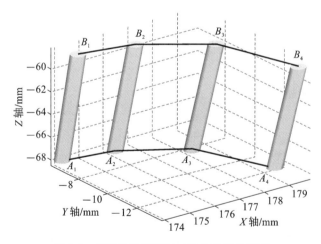

图 3-8　工件坐标系下五轴线性路径仿真图

　　曲线的光顺误差主要受系统预设误差和相邻刀位距离约束,当相邻刀位路径足够长时,光顺误差主要由系统预设误差决定;当相邻刀位距离较短时,主要由过渡距离确定光顺误差。因此,分别设定两组误差要求,对线性刀路拐角进行光顺过渡,验证生成的双 NURBS 曲线是否满足精度要求,如表 3-2 所示。

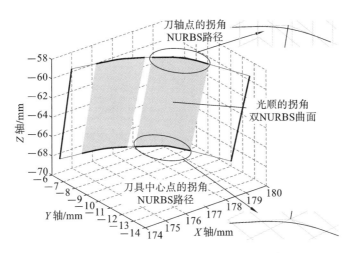

图 3-9 五轴拐角双 NURBS 曲线光顺过渡

表 3-2 不同拟合精度时等距双 NURBS 曲线刀具路径光顺结果

序号	刀位点 A_2 处光顺误差		刀位点 A_3 处光顺误差	
	刀具中心点曲线/ mm	刀轴点曲线/ mm	刀具中心点曲线/ mm	刀轴点曲线/ mm
1	0.0729	0.0790	0.0790	0.0778
2	0.0729	0.0790	0.1265	0.1307

表 3-2 中，第 1 组数据为在系统预设误差 0.08 mm 约束下，A_2 和 A_3 处双 NURBS 曲线的最大光顺误差。从这组数据可知，A_2 和 A_3 处的最大光顺误差为 0.0790 mm，相邻刀位距离够长，光顺误差在系统预设误差直接约束下获得。图 3-10 所示为第 1 组系统预设误差 0.08 mm 约束下沿着双 NURBS 曲线刀路的误差分布情况，可见均满足系统预设误差要求。第 2 组数据为在系统预设误差 0.15 mm 约束下，A_2 和 A_3 处双 NURBS 曲线的最大光顺误差。此时，A_2 和 A_3 处的最大光顺误差分别为 0.0790 mm 和 0.1307 mm，均小于系统预设误差。由分析可知，相邻刀位距离较短，系统预设误差相对较大，曲线光顺的误差在过渡距离约束下获得。图 3-11 所示为第 2 组系统预设误差 0.15 mm 约束下沿着双 NURBS 曲线刀路的误差分布情况，可见均未超过系统预设误差。

双三次 NURBS 局部拐角光顺算法的双 NURBS 曲线过渡路径是在满足系统预设误差和相邻刀位间距的约束下生成的。通过以上分析可知，采用双三次 NURBS 局部拐角光顺算法对 A_2 和 A_3 刀位进行光顺后，双 NURBS 曲线刀路均满足误差要求。

2. 侧铣叶片实验

如图 3-12 所示，为了验证双三次 NURBS 局部拐角光顺算法和双曲线参数同步对五轴加工路径光顺的有效性，进行叶轮叶片侧铣加工实验，利用双三次 NURBS 局部拐角光顺算法对叶片进行侧铣加工时的五轴线性路径实现相邻路径的拐角光顺，

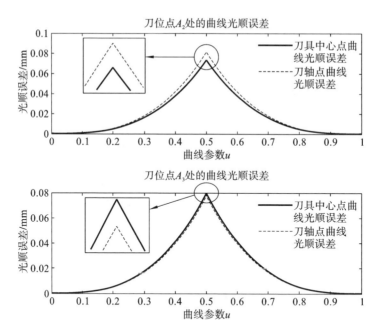

图 3-10　第 1 组系统预设误差 0.08 mm 约束下的双 NURBS 曲线光顺误差

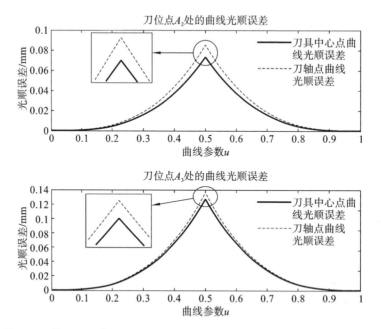

图 3-11　第 2 组系统预设误差 0.15 mm 约束下的双 NURBS 曲线光顺误差

生成满足误差要求且达到 G^2 连续的双 NURBS 光顺刀路。在五轴双转台机床上进行叶片侧铣加工,实验分别采用未光顺的 G^1 线性路径插补和本双三次 NURBS 拐角光顺的 G^2 路径加工,对叶片的加工质量进行对比验证。

图 3-12 叶轮叶片侧铣加工实验

从图 3-13 所示的叶片加工质量对比可以看出,采用未光顺 G^1 线性路径插补的叶片加工质量较差,表面出现明显的棱纹;而采用本双三次 NURBS 局部拐角光顺的 G^2 路径加工叶片,叶片表面明显比线性路径插补的更光滑,加工质量更好。

(a) 采用未光顺的G^1线性路径加工叶片　　　　(b) 采用双三次NURBS局部拐角光顺的
$\qquad\qquad\qquad\qquad\qquad\qquad\qquad\qquad$ G^2路径加工叶片

图 3-13 叶片加工质量对比

为了验证双三次 NURBS 局部拐角光顺算法的可应用性和精度效果,测量叶片侧铣加工实验过程中产生的加工误差。加工误差可以通过求取采用双三次 NURBS 局部拐角光顺算法进行加工获得的曲面和未采用双三次 NURBS 局部拐角光顺算法进行加工获得的曲面对应位置处的偏差得到。利用三坐标测量仪分别在采用双三次 NURBS 局部拐角光顺算法加工获得的叶片曲面和未采用双三次 NURBS 局部拐角光顺算法加工获得的叶片曲面的对应位置选取 70×7 个点,然后求取叶片的加工误差。叶片侧铣加工曲面的误差分布如图 3-14 所示。从图中可以看出,最大加工误差满足系统预设误差 0.04 mm 的约束。需要注意的是,虽然采用双三次 NURBS 局部拐角光顺算法对拐角进行光顺,生成的光顺曲面与原始线性曲面间会产生偏差,但是双三次 NURBS 局部拐角光顺算法保证绝大多数的加工误差仅仅在线性路径的拐角处产生,而且使得多数加工误差均未超过0.01 mm。因此,本双三次 NURBS 拐角光顺和同步算法能够保持较高的加工精度,改善了加工曲面的质量。

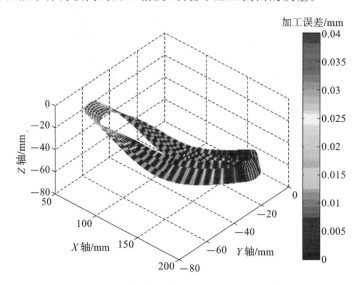

图 3-14　叶片侧铣加工曲面的误差分布

3.3　双 NURBS 光顺刀路的速度规划

　　五轴加工线性路径分别在刀具中心点路径和刀轴点路径的相邻拐角处,构建满足精度约束且达到 G² 连续的三次 NURBS 曲线,实现五轴线性路径的拐角光顺。对于工件坐标系下的刀路光顺和速度规划,虽然能够获得较大的加工速度,但是经过坐标系变换,分配到各轴的速度有可能超出机床各轴本身的伺服能力。因而工件坐标系下的速度规划,需考虑给定的五轴机床各轴伺服能力约束下进给速度和加速度的范围,实现五轴等距双 NURBS 光顺刀路的速度规划。

3.3.1　五轴机床各轴伺服能力约束下的速度

1. 五轴等距双 NURBS 光顺刀路的机床各轴坐标

设五轴等距双 NURBS 光顺刀路分别为 $P_i(u)$ 与 $Q_i(v)$,刀轴矢量为 $O_i(u)$,则刀具姿态 $T_i(u)$ 为

$$T_i(u) = \begin{bmatrix} P_i(u) \\ O_i(u) \end{bmatrix}$$

其中，$T_i(u)$ 是 6 维列向量，$P_i(u)$、$O_i(u)$ 分别表示刀具中心点和刀轴方向在工件坐标系中的位置坐标和刀轴矢量。

设刀具姿态 $T_i(u)$ 对应到机床各轴的坐标为 $W(u)$，有

$$W(u) = \left[W_x(u), W_y(u), W_z(u), W_\alpha(u), W_\beta(u)\right]^{\mathrm{T}}$$

用 Λ 表示五轴机床中的任一进给轴，即 $\Lambda = x, y, z, \alpha, \beta$。$W_\Lambda(u)$ 的求取与双 NURBS 刀路和五轴机床的运动学逆变换有关，若五轴机床运动学逆变换为 $G: \mathbf{T}^6 \to \mathbf{T}^5$，且 $G_\Lambda: \mathbf{T}^6 \to \mathbf{T}$ 表示 G 在 Λ 轴上的分量，那么五轴机床 Λ 轴的坐标 $W_\Lambda(u)$ 表示为

$$W_\Lambda(u) = G_\Lambda(T(u))$$

2. 五轴等距双 NURBS 光顺刀路加工时机床各轴速度

五轴机床 Λ 轴的运动速度 v_Λ 为

$$v_\Lambda = \frac{\mathrm{d}W_\Lambda(u)}{\mathrm{d}t} = \frac{\mathrm{d}W_\Lambda(u)}{\mathrm{d}u}\frac{\mathrm{d}u}{\mathrm{d}s}\frac{\mathrm{d}s}{\mathrm{d}t} = W_\Lambda'(u)\frac{\mathrm{d}u}{\mathrm{d}s}\dot{s}$$

其中，s 为曲线 $P_i(u)$ 的弧长，$\dfrac{\mathrm{d}u}{\mathrm{d}s}$ 表示弧长速度 σ 的倒数，则弧长速度 σ 为

$$\sigma(u) = \frac{\mathrm{d}s}{\mathrm{d}u} = P_i'(u)$$

$\dot{s}$ 表示刀具中心点的速度，也就是进给速度 v_f，可通过曲线 $P_i(u)$ 的弧长对时间求一阶导获得，因此机床 Λ 轴的进给速度可表示为

$$v_\Lambda(u) = \frac{W_\Lambda'(u)}{\sigma(u)}v_\mathrm{f}$$

设机床 Λ 轴的速度映射参数 $\eta_{\Lambda v}(u)$ 为

$$\eta_{\Lambda v}(u) = \frac{W_\Lambda'(u)}{\sigma(u)}$$

映射参数 $\eta_{\Lambda v}(u)$ 反映了机床各轴的运动速度与进给速度的关系，有

$$v_\Lambda(u) = \eta_{\Lambda v}(u)v_\mathrm{f}$$

3. 五轴机床各轴运动速度约束下的最大进给速度

若机床 Λ 轴的最大速度为 $v_{\Lambda \mathrm{m}}$，可得

$$\left|\eta_{\Lambda v}(u)v_\mathrm{f}\right| \leqslant v_{\Lambda \mathrm{m}}$$

上式为含 5 个不等式的不等式组，机床各轴的进给速度均需要满足该式。由于进给速度 $v_\mathrm{f} \geqslant 0$ 恒成立，所以有

$$\left|\eta_{\Lambda v}(u)\right|v_\mathrm{f} \leqslant v_{\Lambda \mathrm{m}}$$

则进给速度 v_f 必须满足：

$$v_\mathrm{f} \leqslant \min_{\Lambda = x, y, z, \alpha, \beta}\left\{\frac{v_{\Lambda \mathrm{m}}}{\left|\eta_{\Lambda v}(u)\right|}\right\}$$

因此，能够获得机床各轴最大运动速度限制下的最大进给速度 $v_\mathrm{fm}(u)$ 为

$$v_\mathrm{fm}(u) = \min_{\Lambda = x, y, z, \alpha, \beta}\left\{\frac{v_{\Lambda \mathrm{m}}}{\left|\eta_{\Lambda v}(u)\right|}\right\}$$

3.3.2 五轴机床各轴伺服能力约束下的加速度

1. 五轴等距双 NURBS 光顺刀路加工时机床各轴加速度

五轴机床 Λ 轴的加速度 a_Λ 为

$$a_\Lambda(u) = \dot{v}_\Lambda(u) = \frac{W'_\Lambda(u)}{\sigma(u)}\dot{v}_f + \frac{\mathrm{d}\left(\dfrac{W'_\Lambda(u)}{\sigma(u)}\right)}{\mathrm{d}t}v_f$$
$$= \frac{W'_\Lambda(u)}{\sigma(u)}a_f + \frac{\sigma(u)W''_\Lambda(u) - \sigma'(u)W'_\Lambda(u)}{\sigma^3}v_f^2$$

其中，$\dot{v}_\Lambda(u)$ 可通过运动速度 $v_\Lambda(u)$ 对时间 t 求一阶导获得；a_f 为刀具中心点的切向加速度，即进给加速度，有

$$a_f = \dot{v}_f = \mathrm{d}v_f/\mathrm{d}t$$

$\sigma'(u)$ 可对曲线参数 u 求一阶导获得：

$$\sigma'(u) = \frac{P_i'(u) \cdot P_i''(u)}{\sigma(u)}$$

设机床 Λ 轴的切向加速度映射参数和法向加速度映射参数分别为 $\mu_{\Lambda q}(u)$、$\mu_{\Lambda f}(u)$，可由下式求得：

$$\begin{cases}\mu_{\Lambda q}(u) = \dfrac{W'_\Lambda(u)}{\sigma(u)} \\ \mu_{\Lambda f}(u) = \dfrac{\sigma(u)W''_\Lambda(u) - \sigma'(u)W'_\Lambda(u)}{\sigma^3}\end{cases}$$

则可得

$$a_\Lambda(u) = \mu_{\Lambda q}(u)a_f + \mu_{\Lambda f}(u)v_f^2$$

上式中所含的 $W'_\Lambda(u)$、$W''_\Lambda(u)$ 分别是五轴机床 Λ 轴坐标 $W_\Lambda(u)$ 对曲线参数 u 的一阶导数和二阶导数。$W'_\Lambda(u)$ 可通过下式求得：

$$W'_\Lambda(u) = T'(u)^T \frac{\mathrm{d}G_\Lambda(T)}{\mathrm{d}T}$$

其中，$\dfrac{\mathrm{d}G_\Lambda(T)}{\mathrm{d}T}$ 为 6 维行向量；$T'(u)$ 为 6 维列向量，由刀具姿态 $T(u)$ 对曲线参数 u 求一阶导获得，可表示为

$$T'(u) = \begin{bmatrix} P_i'(u) \\ O_i'(u) \end{bmatrix}$$

$W''_\Lambda(u)$ 可通过对曲线参数 u 求导获得：

$$W''_\Lambda(u) = T'(u)^T \frac{\mathrm{d}^2 G_\Lambda(T)}{\mathrm{d}T^2}T'(u) + T''(u)^T \frac{\mathrm{d}G_\Lambda(T)}{\mathrm{d}T}$$

其中，$\dfrac{\mathrm{d}^2 G_\Lambda(T)}{\mathrm{d}T^2}$ 为 6×6 的矩阵；$T''(u)$ 为 6 维列向量，由刀具姿态 $T(u)$ 对曲线参数 u 求二阶导获得，可表示为

$$T''(u) = \begin{bmatrix} P_i''(u) \\ O_i''(u) \end{bmatrix}$$

通过以上分析可知,五轴机床 Λ 轴坐标的一阶导数 $W_\Lambda'(u)$ 和二阶导数 $W_\Lambda''(u)$ 可分为两个部分进行求解:第一部分为刀具姿态 $T(u)$ 对曲线参数 u 分别求一阶导数 $T'(u)$ 和二阶导数 $T''(u)$,该部分与加工所选用的五轴机床无关,仅由构造的双 NURBS 曲线刀路确定;第二部分为五轴机床运动学逆变换在 Λ 轴的分量 G_Λ 对刀具姿态 $T(u)$ 求一阶导数 $\dfrac{\mathrm{d}G_\Lambda(T)}{\mathrm{d}T}$ 和二阶导数 $\dfrac{\mathrm{d}^2 G_\Lambda(T)}{\mathrm{d}T^2}$,这部分与所构造的双 NURBS 曲线刀路无关,与加工所选用的五轴机床有关,实际应用中要根据加工所选用的五轴机床类型进行计算。

2. 五轴机床各轴加速度约束下的最大进给加速度

设机床 Λ 轴给定的最大加速度为 $a_{\Lambda m}$,机床各轴的加速度需满足下式:

$$-a_{\Lambda m} \leqslant \mu_{\Lambda q}(u)a_f + \mu_{\Lambda f}(u)v_f^2 \leqslant a_{\Lambda m}$$

对于已经明确的双 NURBS 刀路和五轴机床,当曲线参数 u 已知时,$\mu_{\Lambda q}(u)$ 和 $\mu_{\Lambda f}(u)$ 可通过线性方程的可行区域确定,如图 3-15 所示,图中有 3 对关于坐标原点对称的平行线,为上述不等式取等号时的情况。由于 $v_f^2 \geqslant 0$ 恒成立,因此不等式所确定的可行区域为 $x \geqslant 0$ 的区间且夹在 3 对平行线之间,称为可行多边形区域。可行多边形区域最右边顶点对应的进给速度 $v_{facc}(u)$ 是由机床各轴加速度约束确定的最大进给速度。对于进给速度 v_f($v_f \leqslant v_{facc}(u)$),其对应的进给加速度的可行范围为 $[a_{fmin}(u,v_f), a_{fmax}(u,v_f)]$。当 $v_f = v_{facc}(u)$ 时,则有 $a_{fmin}(u,v_f) = a_{fmax}(u,v_f)$,表示进给加速度的可行范围仅为一个点。

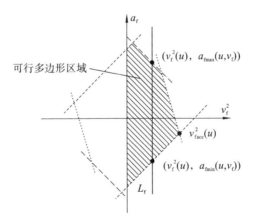

图 3-15　各轴最大加速度约束确定的可行多边形区域

3.3.3　五轴等距双 NURBS 刀具路径同步插补

速度规划完毕后,刀具以合适的插补算法,按照所规划的速度条件进行插补运

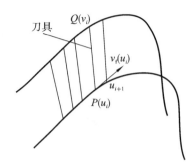

图 3-16　双 NURBS 刀路同步插补示意图

动。不同于三轴数控加工 NURBS 刀路的插补，五轴数控加工等距双 NURBS 刀路的插补不仅要考虑刀具中心点的插补，还要考虑刀轴矢量的插补，而刀轴矢量的插补比较困难。采用泰勒展开法先求刀具中心点曲线 $P_i(u)$ 的下一插补点参数值，再根据双 NURBS 曲线对应参数的关系推导出刀轴点曲线 $Q_i(v)$ 下一插补点的参数值，从而实现五轴等距双 NURBS 光顺刀路的同步插补，如图 3-16 所示。

根据泰勒二阶展开公式，可得刀具中心点曲线 $P_i(u)$ 下一插补点的参数值 u_{i+1}：

$$u_{i+1} = u_i + \dot{u}(t) \cdot T_s \mid_{t=t_i} + \ddot{u}(t) \cdot \frac{T_s^2}{2} \bigg|_{t=t_i} + O(t^3)$$

其中，T_s 为插补周期，$O(t^3)$ 为泰勒展开式的高阶项。曲线 $P_i(u)$ 在点 u_i 的速度为

$$v_f(u_i) = \frac{\mathrm{d}P_i(u)}{\mathrm{d}t} \bigg|_{u=u_i} = \frac{\mathrm{d}P_i(u)}{\mathrm{d}u} \bigg|_{u=u_i} \cdot \frac{\mathrm{d}u}{\mathrm{d}t} \bigg|_{t=t_i}$$

参数 u 的一阶导数、二阶导数分别为

$$\dot{u} \mid_{t=t_i} = \frac{\mathrm{d}u}{\mathrm{d}t} \bigg|_{t=t_i} = \frac{v_f(u_i)}{\dfrac{\mathrm{d}P_i(u)}{\mathrm{d}u} \bigg|_{u=u_i}}$$

$$\ddot{u} \mid_{t=t_i} = \frac{\mathrm{d}}{\mathrm{d}t}(\dot{u} \mid_{t=t_i}) = \frac{\mathrm{d}}{\mathrm{d}t}\left(\frac{v_f(u_i)}{\dfrac{\mathrm{d}P_i(u)}{\mathrm{d}u} \bigg|_{u=u_i}}\right) = -\frac{v_f^2(u_i) \cdot \left(\dfrac{\mathrm{d}P_i(u)}{\mathrm{d}u} \cdot \dfrac{\mathrm{d}^2 P_i(u)}{\mathrm{d}u^2}\right)}{\dfrac{\mathrm{d}^4 P_i(u)}{\mathrm{d}u^4} \bigg|_{u=u_i}}$$

可得

$$u_{i+1} = u_i + \frac{v_f(u_i) \cdot T_s}{\dfrac{\mathrm{d}P_i(u)}{\mathrm{d}u} \bigg|_{u=u_i}} - \frac{v_f^2(u_i) \cdot T_s^2 \cdot \left(\dfrac{\mathrm{d}P_i(u)}{\mathrm{d}u} \cdot \dfrac{\mathrm{d}^2 P_i(u)}{\mathrm{d}u^2}\right)}{2 \cdot \dfrac{\mathrm{d}^4 P_i(u)}{\mathrm{d}u^4} \bigg|_{u=u_i}}$$

在上面公式中，$v_f(u_i)$ 为进给速度。令 $S = v_f(u_i) \cdot T_s, c = \dfrac{1}{\dfrac{\mathrm{d}P_i(u)}{\mathrm{d}u} \bigg|_{u=u_i}}$, $d =$

$$-\frac{\dfrac{\mathrm{d}P_i(u)}{\mathrm{d}u} \cdot \dfrac{\mathrm{d}^2 P_i(u)}{\mathrm{d}u^2}}{2 \cdot \dfrac{\mathrm{d}^4 P_i(u)}{\mathrm{d}u^4} \bigg|_{u=u_i}}$$，可得

$$u_{i+1} = u_i + c \cdot S + d \cdot S^2$$

其中，u_{i+1} 表示曲线 $P_i(u)$ 下一插补点的参数值，S 为各插补周期的位移。

设参数 u 与参数 v 之间的函数关系为 $v = f(u)$，那么参数 u_{i+1} 与参数 v_{i+1} 之间

应满足如下关系:

$$v_{i+1} = f(u_{i+1})$$

可得

$$v_{i+1} = f(u_i + c \cdot S + d \cdot S^2)$$

从而构建参数 u_i 与参数 v_{i+1} 之间的关系。这样,若已知刀具中心点曲线 $P_i(u)$ 的某一插补点的参数值 u_i ,就可以通过泰勒公式推导出曲线 $P_i(u)$ 的后一个插补点的参数值 u_{i+1} ,同时可求出刀轴点曲线 $Q_i(v)$ 的后一插补点的参数值 v_{i+1} 。双 NURBS 曲线的参数值确定了,那么刀具运动过程中所需的刀具中心点和刀轴点的位置坐标也就可以得到了。

3.3.4　仿真实验

利用五轴等距双三次 NURBS 刀路局部光顺方法,实现五轴线性刀路的光顺,获得综合约束下的最大进给速度及最大进给加速度的可行范围,采用前瞻 S 曲线加减速算法,最终实现速度规划。现使用五轴双转台机床进行叶片侧铣切削实验。

在考虑机床各轴的伺服能力约束时,机床运动学逆变换 G 需要根据加工所选用的五轴机床类型确定。本实验选用五轴双转台机床,则该机床运动学逆变换 G 如下:

$$\begin{cases} A = \arccos(O_z) \\ C = \arctan(O_x/O_y) \\ X = \cos(C)P_x - \sin(C)P_y \\ Y = \cos(A)\sin(C)P_x + \cos(A)\cos(C)P_y - \sin(A)P_z \\ Z = \sin(A)\sin(C)P_x + \sin(A)\cos(C)P_y + \cos(A)P_z \end{cases}$$

同时, $\boldsymbol{W} = (X, Y, Z, A, C)^{\mathrm{T}}$,为工件在机床坐标系下的坐标, $\boldsymbol{T} = (P_x, P_y, P_z, O_x, O_y, O_z)^{\mathrm{T}}$,是工件坐标系中刀具姿态的坐标。本实验设定的速度、加速度约束如表 3-3 所示。

表 3-3　综合约束设定值

坐标轴	机床各轴最大速度	机床各轴最大加速度
X	10000 mm/min	1800000 mm/min²
Y	10000 mm/min	1800000 mm/min²
Z	10000 mm/min	1800000 mm/min²
A	87.3 rad/min	16000 rad/min²
C	139.6 rad/min	26000 rad/min²

在机床各轴的最大速度、最大加速度约束下,最大进给速度曲线对应的刀具当量速度、各轴运动速度、加速度如图 3-17 所示。

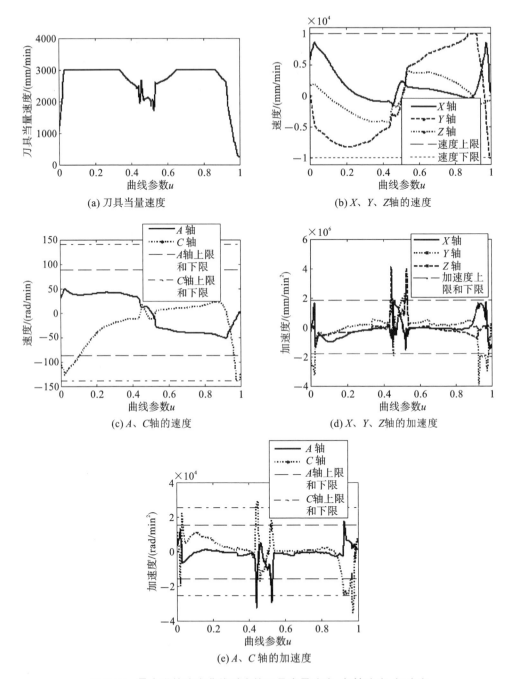

(a) 刀具当量速度

(b) X、Y、Z轴的速度

(c) A、C轴的速度

(d) X、Y、Z轴的加速度

(e) A、C轴的加速度

图 3-17　最大进给速度曲线对应的刀具当量速度、各轴速度、加速度

本章参考文献

[1] 施法中.计算机辅助几何设计与非均匀有理B样条(修订版)[M].北京:高等教育出版社,2013.

[2] LI W,LIU Y D,YAMAZAKI K. The design of a NURBS pre-interpolator for five-axis machining[J]. International Journal of Advanced Manufacturing Technology,2008,36:927-935.

[3] 何均,游有鹏,王化明.面向微线段高速加工的Ferguson样条过渡算法[J].中国机械工程,2008,19(17):2085-2089.

[4] BI Q Z,JIN Y Q,WANG Y H,et al. An analytical curvature-continuous Bézier transition algorithm for high-speed machining for a linear tool path[J]. International Journal of Machine Tools and Manufacture,2012,57:55-65.

[5] TSAI M S,NIEN H W,YAU H T. Development of a real-time look-ahead interpolation methodology with spline-fitting technique for high-speed machining[J]. International Journal of Advanced Manufacturing Technology, 2010,47(5-8):621-638.

[6] TULSYAN S,ALTINTAS Y. Local toolpath smoothing for five-axis machine tools[J]. International Journal of Machine Tools and Manufacture,2015,96: 15-26.

[7] 黄建,宋爱平,陶建明,等.数控运动相邻加工段拐角的平滑转接方法[J].上海交通大学学报,2013,47(5):734-739.

[8] 胡国庆.基于机床运动学的曲面五轴加工刀矢光顺方法[D].大连:大连理工大学,2019.

[9] 张小明,朱利民,丁汉,等.五轴加工刀具姿态球面NURBS曲线设计及优化[J].机械工程学报,2010,46(19):140-144.

[10] 张立强,张守军,王宇晗.基于对偶四元数的五轴等距双NURBS刀具路径规划[J].计算机集成制造系统,2014,20(1):128-133.

[11] SCHNEIDER P J,EBERLY D H.计算机图形学几何工具算法详解[M].周长发,译.北京:电子工业出版社,2005.

[12] 胡琴.五轴数控加工的在线刀具路径光顺与轮廓误差控制方法研究[D].武汉:华中科技大学,2019.

4　基于曲率光顺的拐角插补算法

数控系统在加工具有复杂曲面结构的零件时,首先将零件的加工轮廓离散为一系列连续短线段,随着零件轮廓曲率的增加,短线段离散的程度越来越小。然后将离散的短线段用 G 代码编写成 NC 程序,NC 程序规划的刀具路径是位置(G^0)连续的,机床在进行高速加工过程中必须平滑短线段衔接处的尖锐拐角,以使进给运动可以平滑转接。但传统的圆弧插补算法仅仅只能满足速度连续变化,而不能使加速度平滑转接,所以机床进给轴的加速度曲线存在突变点,会在零件表面形成明显的进给标记,同时机床的振动和磨损都较大。

目前高阶样条曲线插补算法都是分两步实现拐角平滑的,即参数曲线插补和对插补后的混合曲线进行速度规划,在满足特定轮廓误差条件下,将刀具路径中的尖锐拐角用高阶参数曲线进行平滑。然而,将拐角平滑问题分为曲线插补和速度规划两步来解决是一种较为烦琐的做法,因为平滑曲线一般都是高阶参数曲线,大多数数控系统不能高效地内插高阶参数曲线,其中存在着许多的技术瓶颈,包括不能精确计算高阶参数曲线长度、不能高效规划进给速度、不能有效降低轮廓误差,以及插补过程中规划的进给速度精度要求非常高等。

拐角平滑算法可实现拐角平滑转接,且加工路径达到曲率光顺(G^3 连续),避免样条曲线插补技术的种种技术瓶颈限制。拐角平滑算法有两种,分别为中断加速度的拐角平滑算法和连续加速度的拐角平滑算法。这两种算法都是基于跳度限制加速度曲线,对其附加不同的速度和加速度边界条件,再结合进给运动的速度、加速度、跳度极限和指定的轮廓误差计算出最大拐角转接速度和最优拐角持续时间,最后通过混合各个轴的位移轮廓生成曲率光顺的拐角转接轮廓。

4.1　跳度限制加速度曲线

跳度限制加速度曲线可以生成平滑的速度和加速度转接轮廓,其可以限制进给轴的速度和加速度从初始速度和加速度平滑过渡到最终速度和加速度,如图 4-1 所示。它由 5 个阶段组成,前两个阶段为加速度增加阶段,在分段的跳度极限 S_m 限制下加速度由初始加速度 A_s 平滑增加至加速度极限 A_m。第三个阶段为加速度恒定阶段,加速度恒定为 A_m。后两个阶段为加速度减小阶段,在分段的跳度极限 S_m 限制下加速度平滑减小至最终加速度 A_e。通过这 5 个阶段的加减速规划,速度由初始速度 V_s 平滑增加至最终速度 V_e,位移从初始位移 R_s 增加到最终位移 R_e。在实际应用中,如果位移、速度和加速度的初始条件 R_s、V_s、A_s 和跳度极限 S_m、加速度极限 A_m 已知，则可以通过对跳度曲线 $s(t)$ 积分来获得跃度 $j(t)$、加速度 $a(t)$、速度 $v(t)$ 和位移 $r(t)$ 曲线的计算公式，参见第 2 章。由于位移曲线四次可导，其可达到 G^3 连续，加速度曲线两次可导，其可达到 G^1 连续。

S_m 为对应阶段的跳度极限值，A_m 为对应驱动器的加速度极限。$T_k(k=1,2,3,4,5)$ 是对应的时间参数，其从第 k 个阶段开始处开始。A_k 表示相应阶段结束时所能达到的加速度，V_k 表示相应阶段结束时所能达到的速度，R_k 表示相应阶段结束时所能达到的位移。驱动器的加速度极限 A_m 可以用 A_s 和 A_e 表示：

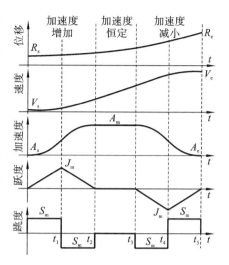

图 4-1　跳度限制加速度曲线

$$A_m = A_s + \frac{1}{2}S_m T_1^2 - \frac{1}{2}S_m T_2^2 + S_m T_1 T_2 = A_e - \frac{1}{2}S_m T_5^2 + S_m T_4 T_5 + \frac{1}{2}S_m T_4^2$$

加速度极限 A_m 的方向可以通过初始速度和最终速度来确定：

$$A_m = \text{sgn}(V_e - V_s) \mid A_m \mid$$

根据加速度极限 A_m 的方向可以确定跳度极限 S_m 的方向：

$$S_m = \text{sgn}A_m \mid S_m \mid$$

在实际加工中，为了获得最大的加工效率，跳度限制加速度曲线的前两个阶段时间相等，后两个阶段时间也相等，即 $T_1 = T_2$，$T_4 = T_5$。

在增加时间约束条件后，各阶段的持续时间可以通过下式计算：

加速度增加阶段时间为

$$T_1 + T_2 = 2\sqrt{\frac{\mid A_m - A_s \mid}{S_m}}, \quad T_1 = T_2 = \sqrt{\frac{\mid A_m - A_s \mid}{S_m}}$$

加速度减小阶段时间为

$$T_4 + T_5 = 2\sqrt{\frac{\mid A_m - A_e \mid}{S_m}}, \quad T_4 = T_5 = \sqrt{\frac{\mid A_m - A_e \mid}{S_m}}$$

第三个阶段即加速度恒定阶段时间为

$$T_3 = \frac{1}{A_m}\left[(V_e - V_s) - 2A_s T_1 - S_m T_1^3 - 2A_m T_4 + S_m T_4^3\right]$$

$$= \frac{1}{A_m}\left[(V_e - V_s) - 2A_s \sqrt{\frac{\mid A_m - A_s \mid}{S_m}} - S_m \left(\sqrt{\frac{\mid A_m - A_s \mid}{S_m}}\right)^3\right.$$

$$\left. - 2A_m \sqrt{\frac{\mid A_m - A_e \mid}{S_m}} + S_m \left(\sqrt{\frac{\mid A_m - A_e \mid}{S_m}}\right)^3\right]$$

薄壁件数控加工理论与精度控制方法

但在实际加工中，如果速度变化 ΔV 很小，并且驱动器的加速度能力 A_m 大，则上式计算出来的值有可能是负值。在这种情况下，设置 $T_3 = 0$，去除加速度恒定阶段，同时说明加速度幅值达不到驱动器的加速度极限，可调整加速度幅值，此时的加速度值 A 可以由下式计算：

$$(V_e - V_s) - 2A_s \sqrt{\frac{|A - A_s|}{S_m}} - S_m \left(\sqrt{\frac{|A - A_s|}{S_m}} \right)^3 - 2A \sqrt{\frac{|A - A_e|}{S_m}}$$

$$+ S_m \left(\sqrt{\frac{|A - A_e|}{S_m}} \right)^3 = 0$$

相应地，加速度增加阶段和减小阶段的持续时间调整为

$$T_1 + T_2 = 2\sqrt{\frac{|A - A_s|}{S_m}}, \quad T_1 = T_2 = \sqrt{\frac{|A - A_s|}{S_m}}$$

$$T_4 + T_5 = 2\sqrt{\frac{|A - A_e|}{S_m}}, \quad T_4 = T_5 = \sqrt{\frac{|A - A_e|}{S_m}}$$

这样就可以构造出跳度限制加速度曲线，以实现速度和加速度平滑转变，在转接运动持续时间内的总位移为

$$L = \begin{cases} V_s(T_1 + T_2 + T_3 + T_4 + T_5) + \frac{1}{2}A_s(T_1^2 + T_2^2) + \frac{1}{2}A_m(T_3^2 + T_4^2 + T_5^2) \\[2mm] + \frac{1}{24}S_m(T_1^4 - T_2^4 - T_4^4 + T_5^4) + A_s T_1(T_2 + T_3 + T_4 + T_5) \\[2mm] + \frac{1}{6}S_m T_1^3(T_2 + T_3 + T_4 + T_5) + \frac{1}{4}S_m T_1^2 T_2^2 - \frac{1}{4}S_m T_4^2 T_5^2 + \frac{1}{6}S_m T_1 T_2^3 \\[2mm] - \frac{1}{6}S_m T_4 T_5^3 + A_s T_2(T_3 + T_4 + T_5) + \frac{1}{2}S_m T_1^2 T_2(T_3 + T_4 + T_5) \\[2mm] - \frac{1}{6}S_m T_2^3(T_3 + T_4 + T_5) + \frac{1}{2}S_m T_1 T_2^2(T_3 + T_4 + T_5) + A_m T_3(T_4 + T_5) \\[2mm] + A_m T_4 T_5 - \frac{1}{6}S_m T_4^3 T_5 \quad (T_3 \neq 0) \\[3mm] V_s(T_1 + T_2 + T_4 + T_5) + \frac{1}{2}A_s(T_1^2 + T_2^2) + \frac{1}{2}A(T_4^2 + T_5^2) \\[2mm] + \frac{1}{24}S_m(T_1^4 - T_2^4 - T_4^4 + T_5^4) + A_s T_1(T_2 + T_4 + T_5) \\[2mm] + \frac{1}{6}S_m T_1^3(T_2 + T_4 + T_5) + \frac{1}{4}S_m T_1^2 T_2^2 - \frac{1}{4}S_m T_4^2 T_5^2 + \frac{1}{6}S_m T_1 T_2^3 \\[2mm] - \frac{1}{6}S_m T_4 T_5^3 + A_s T_2(T_4 + T_5) + \frac{1}{2}S_m T_1^2 T_2(T_4 + T_5) - \frac{1}{6}S_m T_2^3(T_4 + T_5) \\[2mm] + \frac{1}{2}S_m T_1 T_2^2(T_4 + T_5) + \left(AT_4 - \frac{1}{6}S_m T_4^3\right)T_5 \quad (T_3 = 0) \end{cases}$$

跳度限制加速度曲线如图 4-1 所示，减速阶段可以用负加速度值代替正加速度值来计算，此处省略。

4.2 中断加速度的拐角平滑算法

基于跳度限制加速度曲线的拐角平滑算法适用于路径中的拐角不相互重合,并且机床的进给运动可以达到沿线性段编程的进给速度的情况,具有减速到指定转接速度的能力。如图 4-2 和图 4-3 所示,两个线性段方向分别是 θ_1 和 $\theta_1 + \theta_2$,彼此相交生成拐角 $P_c = (X_c, Y_c)$,沿着线性段限定方向的单位矢量 $\boldsymbol{t}_s = (\cos\theta_1, \sin\theta_1)^T$ 和 $\boldsymbol{t}_e = (\cos(\theta_1 + \theta_2), \sin(\theta_1 + \theta_2))^T$。在加工时,算法控制进给轴在拐角附近以初始速度 V_c 和初始加速度 A_s 逼近拐角,为确保进给轴的速度和加速度在驱动器的运动学限制范围内,限制进给轴的转接持续时间为 T_c,V_{sx}、V_{sy} 分别为 X 轴、Y 轴转接运动开始处的速度,V_{ex}、V_{ey} 分别为 X 轴、Y 轴转接运动结束处的速度,X 轴、Y 轴的运动轨迹混合形成的拐角轮廓偏离原始的刀具路径,预设偏离的最大轮廓误差为 ε。本小节主要讲述针对笛卡儿坐标系的数控系统如何利用驱动器的最大加速度 A_{max} 和最大跳度 S_{max} 来计算总的转接持续时间,如何确定最大转接速度和加速度,使得运动学拐角轮廓在指定的轮廓误差范围内。

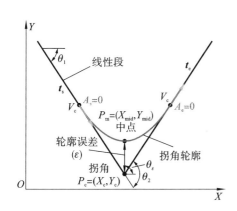

图 4-2 中断加速度拐角平滑算法的拐角轮廓

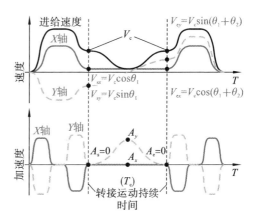

图 4-3 中断加速度拐角平滑算法的速度和加速度曲线

各个轴的速度公式,由跳度限制加速度曲线的速度公式求得:

$$
v_x(\tau) = \begin{cases}
V_{sx} + \dfrac{1}{6}S_m \tau_1^3, & 0 \leqslant \tau_1 < t_1, \\[2mm]
V_{1x} = V_{sx} + \dfrac{1}{6}S_m T_1^3 \\[2mm]
V_{1x} + \dfrac{1}{2}S_m T_1^2 \tau_2 - \dfrac{1}{6}S_m \tau_2^3 + \dfrac{1}{2}S_m T_1 \tau_2^2, & t_1 \leqslant \tau_2 < t_2, \\[2mm]
V_{2x} = V_{1x} + \dfrac{1}{2}S_m T_1^2 T_2 - \dfrac{1}{6}S_m T_2^3 + \dfrac{1}{2}S_m T_1 T_2^2
\end{cases}
$$

$$\begin{cases} V_{2x} + A_m\tau_3, & t_2 \leqslant \tau_3 < t_3, \\ \quad V_{3x} = V_{2x} + A_m T_3 \\ V_{3x} + A_m\tau_4 - \dfrac{1}{6}S_m\tau_4^3, & t_3 \leqslant \tau_4 < t_4, \\ \quad V_{4x} = V_{3x} + A_m T_4 - \dfrac{1}{6}S_m T_4^3 \\ V_{4x} + \left(A_m - \dfrac{1}{2}S_m T_4^2\right)\tau_5 + \dfrac{1}{6}S_m\tau_5^3 - \dfrac{1}{2}S_m T_4\tau_5^2, & t_4 \leqslant \tau_5 < t_5, \\ \quad V_{ex} = V_{4x} + \left(A_m - \dfrac{1}{2}S_m T_4^2\right)T_5 + \dfrac{1}{6}S_m T_5^3 - \dfrac{1}{2}S_m T_4 T_5^2 \end{cases}$$

$$v_y(\tau) = \begin{cases} V_{sy} + \dfrac{1}{6}S_m\tau_1^3, & 0 \leqslant \tau_1 < t_1, \\ \quad V_{1y} = V_{sy} + \dfrac{1}{6}S_m T_1^3 \\ V_{1y} + \dfrac{1}{2}S_m T_1^2\tau_2 - \dfrac{1}{6}S_m\tau_2^3 + \dfrac{1}{2}S_m T_1\tau_2^2, & t_1 \leqslant \tau_2 < t_2, \\ \quad V_{2y} = V_{1y} + \dfrac{1}{2}S_m T_1^2 T_2 - \dfrac{1}{6}S_m T_2^3 + \dfrac{1}{2}S_m T_1 T_2^2 \\ V_{2y} + A_m\tau_3, & t_2 \leqslant \tau_3 < t_3, \\ \quad V_{3y} = V_{2y} + A_m T_3 \\ V_{3y} + A_m\tau_4 - \dfrac{1}{6}S_m\tau_4^3, & t_3 \leqslant \tau_4 < t_4, \\ \quad V_{4y} = V_{3y} + A_m T_4 - \dfrac{1}{6}S_m T_4^3 \\ V_{4y} + \left(A_m - \dfrac{1}{2}S_m T_4^2\right)\tau_5 + \dfrac{1}{6}S_m\tau_5^3 - \dfrac{1}{2}S_m T_4\tau_5^2, & t_4 \leqslant \tau_5 < t_5, \\ \quad V_{ey} = V_{4y} + \left(A_m - \dfrac{1}{2}S_m T_4^2\right)T_5 + \dfrac{1}{6}S_m T_5^3 - \dfrac{1}{2}S_m T_4 T_5^2 \end{cases}$$

X 轴和 Y 轴在转接运动开始处的初始速度可以用 V_c 表示：

$$\begin{cases} V_{sx} = V_c\cos\theta_1 \\ V_{sy} = V_c\sin\theta_1 \end{cases}$$

X 轴和 Y 轴在转接运动结束处的最终速度为

$$\begin{cases} V_{ex} = V_c\cos(\theta_1 + \theta_2) \\ \quad = V_{sx} + \dfrac{1}{6}S_m T_1^3 + \dfrac{1}{2}S_m T_1^2 T_2 - \dfrac{1}{6}S_m T_2^3 + \dfrac{1}{2}S_m T_1 T_2^2 + A_m T_3 \\ \qquad + A_m T_4 - \dfrac{1}{6}S_m T_4^3 + \left(A_m - \dfrac{1}{2}S_m T_4^2\right)T_5 + \dfrac{1}{6}S_m T_5^3 - \dfrac{1}{2}S_m T_4 T_5^2 \end{cases}$$

$$
\left|
\begin{aligned}
V_{cy} &= V_c \sin(\theta_1 + \theta_2) \\
&= V_{sy} + \frac{1}{6} S_m T_1^3 + \frac{1}{2} S_m T_1^2 T_2 - \frac{1}{6} S_m T_2^3 + \frac{1}{2} S_m T_1 T_2^2 + A_m T_3 \\
&\quad + A_m T_4 - \frac{1}{6} S_m T_4^3 + \left(A_m - \frac{1}{2} S_m T_4^2 \right) T_5 + \frac{1}{6} S_m T_5^3 - \frac{1}{2} S_m T_4 T_5^2
\end{aligned}
\right.
$$

对于笛卡儿运动系统,通常各个轴都选用相同的跳度和加速度极限,即 $S_{max} = S_{xmax} = S_{ymax}$,$A_{max} = A_{xmax} = A_{ymax}$。

在转接过程中,每个轴的速度变化为

$$
\begin{cases}
\Delta V_x = V_c \mid \cos(\theta_1 + \theta_2) - \cos\theta_1 \mid \\
\Delta V_y = V_c \mid \sin(\theta_1 + \theta_2) - \sin\theta_1 \mid
\end{cases}
$$

对每个轴附加位移边界条件以控制拐角轮廓的几何形状。因为切向速度和加速度在转接运动的开始和结束时相同,所以拐角轮廓关于单位矢量 t_s 和 t_e 所形成夹角的角平分线对称,因此拐角轮廓轨迹与加工原始路径的最大轮廓误差发生在拐角轮廓的中点,将 $t = T_1 + T_2 + \dfrac{T_3}{2}$ 带入公式计算:

$$
\begin{aligned}
X_{mid} &= V_c \cos\theta_1 \left(T_1 + T_2 + \frac{T_3}{2} \right) + \frac{1}{2} A_{mx} \left(\frac{T_3}{2} \right)^2 + \frac{1}{24} S_{mx} (T_1^4 - T_2^4) \\
&\quad + \frac{1}{6} S_{mx} T_1^3 \left(T_2 + \frac{T_3}{2} \right) + \frac{1}{4} S_{mx} T_1^2 T_2^2 + \frac{1}{6} S_{mx} T_1 T_2^3 + \frac{1}{2} S_{mx} T_1^2 T_2 \left(\frac{T_3}{2} \right) \\
&\quad - \frac{1}{6} S_{mx} T_2^3 \left(\frac{T_3}{2} \right) + \frac{1}{2} S_{mx} T_1 T_2^2 \left(\frac{T_3}{2} \right)
\end{aligned}
$$

$$
\begin{aligned}
Y_{mid} &= V_c \sin\theta_1 \left(T_1 + T_2 + \frac{T_3}{2} \right) + \frac{1}{2} A_{my} \left(\frac{T_3}{2} \right)^2 + \frac{1}{24} S_{my} (T_1^4 - T_2^4) \\
&\quad + \frac{1}{6} S_{my} T_1^3 \left(T_2 + \frac{T_3}{2} \right) + \frac{1}{4} S_{my} T_1^2 T_2^2 + \frac{1}{6} S_{my} T_1 T_2^3 + \frac{1}{2} S_{my} T_1^2 T_2 \left(\frac{T_3}{2} \right) \\
&\quad - \frac{1}{6} S_{my} T_2^3 \left(\frac{T_3}{2} \right) + \frac{1}{2} S_{my} T_1 T_2^2 \left(\frac{T_3}{2} \right)
\end{aligned}
$$

原始刀具路径的拐角位置 $P_c = (X_c, Y_c)$ 通过拐角的几何位置定义:

$$
\begin{cases}
X_c = L_c \cos\theta_1 \\
Y_c = L_c \sin\theta_1
\end{cases}
$$

其中,L_c 是转接运动中原始加工轨迹的欧几里得长度,可以通过转接轨迹的几何形状和驱动器的总位移来计算。

$$
\begin{aligned}
L_c [\cos\theta_1 + \cos(\theta_1 + \theta_2)] &= V_c \cos\theta_1 (T_1 + T_2 + T_3 + T_4 + T_5) \\
&\quad + \frac{1}{2} A_{mx} (T_3^2 + T_4^2 + T_5^2) + \frac{1}{24} S_{mx} (T_1^4 - T_2^4 - T_4^4 + T_5^4) \\
&\quad + \frac{1}{6} S_{mx} T_1^3 (T_2 + T_3 + T_4 + T_5) + \frac{1}{4} S_{mx} T_1^2 T_2^2 - \frac{1}{4} S_{mx} T_4^2 T_5^2 \\
&\quad + \frac{1}{6} S_{mx} T_1 T_2^3 - \frac{1}{6} S_{mx} T_4 T_5^3 + \frac{1}{2} S_{mx} T_1^2 T_2 (T_3 + T_4 + T_5)
\end{aligned}
$$

$$-\frac{1}{6}S_{mx}T_2^3(T_3+T_4+T_5)+\frac{1}{2}S_{mx}T_1T_2^2(T_3+T_4+T_5)$$

$$+A_{mx}T_3(T_4+T_5)+A_{mx}T_4T_5-\frac{1}{6}S_{mx}T_4^3T_5$$

这样,可以得到拐角轮廓的误差约束为

$$\varepsilon_x=X_{mid}-X_c=V_c\cos\theta_1\left(T_1+T_2+\frac{T_3}{2}\right)+\frac{1}{2}A_{mx}\left(\frac{T_3}{2}\right)^2+\frac{1}{24}S_{mx}(T_1^4-T_2^4)$$

$$+\frac{1}{6}S_{mx}T_1^3\left(T_2+\frac{T_3}{2}\right)+\frac{1}{4}S_{mx}T_1^2T_2^2+\frac{1}{6}S_{mx}T_1T_2^3$$

$$+\frac{1}{2}S_{mx}T_1^2T_2\left(\frac{T_3}{2}\right)-\frac{1}{6}S_{mx}T_2^3\left(\frac{T_3}{2}\right)+\frac{1}{2}S_{mx}T_1T_2^2\left(\frac{T_3}{2}\right)$$

$$-V_c\cos\theta_1\left(T_1+T_2+\frac{T_3}{2}\right)$$

$$\varepsilon_y=Y_{mid}-Y_c=V_c\sin\theta_1\left(T_1+T_2+\frac{T_3}{2}\right)+\frac{1}{2}A_{my}\left(\frac{T_3}{2}\right)^2+\frac{1}{24}S_{my}(T_1^4-T_2^4)$$

$$+\frac{1}{6}S_{my}T_1^3\left(T_2+\frac{T_3}{2}\right)+\frac{1}{4}S_{my}T_1^2T_2^2+\frac{1}{6}S_{my}T_1T_2^3$$

$$+\frac{1}{2}S_{my}T_1^2T_2\left(\frac{T_3}{2}\right)-\frac{1}{6}S_{my}T_2^3\left(\frac{T_3}{2}\right)+\frac{1}{2}S_{my}T_1T_2^2\left(\frac{T_3}{2}\right)$$

$$-V_c\sin\theta_1\left(T_1+T_2+\frac{T_3}{2}\right)$$

式中,$\varepsilon_x=\varepsilon\cos\theta_\varepsilon$ 和 $\varepsilon_y=\varepsilon\sin\theta_\varepsilon$ 是最大轮廓误差的笛卡儿投影,并且 $\theta_\varepsilon=\pi/2+\theta_1+\theta_2/2$。

为了寻求最大的转接速度 V_c 以获得最短的拐角持续时间,则至少有一个进给轴的加速度或跳度限制饱和,因此可识别最大的速度跃变轴,将其确定为极限轴。如果 $\Delta V_x>\Delta V_y$,则 X 轴就是极限轴,速度和位移的运动学条件为

$$\begin{cases}
\begin{aligned}
V_{ex}&=V_c\cos(\theta_1+\theta_2)\\
&=V_{sx}+\frac{1}{6}S_xT_1^3+\frac{1}{2}S_xT_1^2T_2-\frac{1}{6}S_xT_2^3+\frac{1}{2}S_xT_1T_2^2\\
&\quad+A_xT_3+A_xT_4-\frac{1}{6}S_xT_4^3+\left(A_x-\frac{1}{2}S_xT_4^2\right)T_5\\
&\quad+\frac{1}{6}S_xT_5^3-\frac{1}{2}S_xT_4T_5^2\\
\varepsilon_x&=X_{mid}-X_c\\
&=V_c\cos\theta_1\left(T_1+T_2+\frac{T_3}{2}\right)+\frac{1}{2}A_x\left(\frac{T_3}{2}\right)^2+\frac{1}{24}S_x(T_1^4-T_2^4)\\
&\quad+\frac{1}{6}S_xT_1^3\left(T_2+\frac{T_3}{2}\right)+\frac{1}{4}S_xT_1^2T_2^2+\frac{1}{6}S_xT_1T_2^3+\frac{1}{2}S_xT_1^2T_2\left(\frac{T_3}{2}\right)\\
&\quad-\frac{1}{6}S_xT_2^3\left(\frac{T_3}{2}\right)+\frac{1}{2}S_xT_1T_2^2\left(\frac{T_3}{2}\right)-V_c\cos\theta_1\left(T_1+T_2+\frac{T_3}{2}\right)
\end{aligned}
\end{cases}$$

　　而且可以根据极限轴的加速度和跳度边界条件推导出转接运动中各阶段的持续时间。假设在转接运动期间存在恒定加速度阶段，这意味着 X 轴的加速度和跳度都已经达到极限，即 $A_x = A_m$，$S_x = S_m$。X 轴各阶段的运动持续时间为

$$T_1 + T_2 = T_4 + T_5 = 2\sqrt{\frac{A_m}{S_m}}$$

$$T_1 = T_2 = T_4 = T_5 = \sqrt{\frac{A_m}{S_m}}$$

$$T_3 = \frac{1}{|A_m|}\left(\Delta V_x - 2|A_m|\sqrt{\frac{A_m}{S_m}}\right)$$

根据最大位移边界条件可得最大转接速度 V_c 为

$$V_c = \frac{\sqrt{8|A_m|\varepsilon\left|\sin\left(\theta_1 + \frac{\theta_2}{2}\right)\right| - \frac{2A_m^3}{3S_m}}}{|\cos(\theta_1 + \theta_2) - \cos\theta_1|}$$

如果速度变化 ΔV 很小，并且驱动器的加速能力 A_m 较大时，则由上式计算出的值有可能是负值，说明加速度幅值达不到驱动器的加速度极限。在这种情况下，设置 $T_3 = 0$，去除加速度恒定阶段，重新计算轴的最大加速度：

$$A = \sqrt{\frac{12}{7}\varepsilon|\cos\theta_\varepsilon|S_m}$$

此时各阶段的运动持续时间为

$$T_1 + T_2 = T_4 + T_5 = 2\sqrt{\frac{|A|}{S_m}}$$

$$T_1 = T_2 = T_4 = T_5 = \sqrt{\frac{|A|}{S_m}}$$

根据最大位移边界条件重新计算最大转接速度 V_c：

$$V_c = \frac{\sqrt{\frac{4A^3}{S_m}}}{|\cos(\theta_1 + \theta_2) - \cos\theta_1|}$$

　　除了极限轴，其余轴均称为从动轴，这类轴的加速度及跳度计算公式如下。当计算出加速度和跳度值后，可得到加速度曲线和位移曲线。

$$A = \frac{\Delta V_x}{T_3 + 2T_1}$$

$$S = \frac{A_m}{T_1^2}$$

　　上述以 X 轴是极限轴为例，给出基于跳度限制加速度曲线的拐角平滑算法的计算公式，如果 Y 轴是极限轴，则只需将等式中的余弦项替换为正弦项就可计算出最大转接速度 V_c。中断加速度拐角平滑算法的流程图见图 4-4。

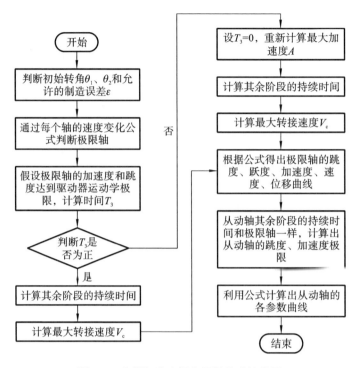

图 4-4　中断加速度拐角平滑算法流程图

4.3　连续加速度的拐角平滑算法

上一节中转接运动开始和结束时,进给轴的加速度约束为 0。进入拐角时,转接运动开始时加速度必须先下降到 0,再进入拐角,延长了加工时间。为了进一步缩短转接持续时间,提出连续加速度拐角平滑算法,对跳度限制加速度曲线的前两个阶段施加边界条件,如图 4-5、图 4-6 所示。转接运动开始处的速度和加速度分别为 V_c 和 $-A_c$,转接运动结束处的速度和加速度分别为 V_c 和 A_c,使得加速度无须减小至 0 进行过渡,实现连续转接,进一步缩短加工时间,各个轴的跳度、跃度、加速度、速度、位移公式如下:

$$s_x(\tau)=\begin{cases}S_x, & 0\leqslant\tau<t_1\\ -S_x, & t_1\leqslant\tau<t_2\end{cases}, \quad s_y(\tau)=\begin{cases}S_y, & 0\leqslant\tau<t_1\\ -S_y, & t_1\leqslant\tau<t_2\end{cases}$$

$$j_x(\tau)=\begin{cases}S_x\tau_1, & 0\leqslant\tau_1<t_1\\ -S_x\tau_2+S_xT_1, & t_1\leqslant\tau_2<t_2\end{cases}, \quad j_y(\tau)=\begin{cases}S_y\tau_1, & 0\leqslant\tau_1<t_1\\ -S_y\tau_2+S_yT_1, & t_1\leqslant\tau_2<t_2\end{cases}$$

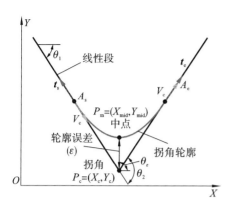

图 4-5 连续加速度拐角平滑算法的拐角轮廓

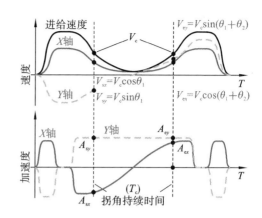

图 4-6 连续加速度拐角平滑算法的速度和加速度曲线

$$a_x(\tau) = \begin{cases} A_{sx} + \dfrac{1}{2}S_x\tau_1^2, & 0 \leqslant \tau_1 < t_1, \quad A_{1x} = A_{sx} + \dfrac{1}{2}S_xT_1^2 \\[3mm] A_{1x} - \dfrac{1}{2}S_x\tau_2^2 + S_xT_1\tau_2, & t_1 \leqslant \tau_2 < t_2, \quad A_{ex} = A_{1x} - \dfrac{1}{2}S_xT_2^2 + S_xT_1T_2 \end{cases}$$

$$a_y(\tau) = \begin{cases} A_{sy} + \dfrac{1}{2}S_y\tau_1^2, & 0 \leqslant \tau_1 < t_1, \quad A_{1y} = A_{sy} + \dfrac{1}{2}S_yT_1^2 \\[3mm] A_{1y} - \dfrac{1}{2}S_y\tau_2^2 + S_yT_1\tau_2, & t_1 \leqslant \tau_1 < t_2, \quad A_{ey} = A_{1y} - \dfrac{1}{2}S_yT_2^2 + S_yT_1T_2 \end{cases}$$

$$v_x(\tau) = \begin{cases} V_{sx} + A_{sx}\tau_1 + \dfrac{1}{6}S_x\tau_1^3, & 0 \leqslant \tau_1 < t_1, \\[3mm] V_{1x} = V_{sx} + A_{sx}T_1 + \dfrac{1}{6}S_xT_1^3 \\[3mm] V_{1x} + A_{1x}\tau_2 - \dfrac{1}{6}S_x\tau_2^3 + \dfrac{1}{2}S_xT_1\tau_2^2, & t_1 \leqslant \tau_2 < t_2, \\[3mm] V_{ex} = V_{1x} + A_{1x}T_2 - \dfrac{1}{6}S_xT_2^3 + \dfrac{1}{2}S_xT_1T_2^2 \end{cases}$$

$$v_y(\tau) = \begin{cases} V_{sy} + A_{sy}\tau_1 + \dfrac{1}{6}S_y\tau_1^3, & 0 \leqslant \tau_1 < t_1, \\[3mm] V_{1y} = V_{sy} + A_{sy}T_1 + \dfrac{1}{6}S_yT_1^3 \\[3mm] V_{1y} + A_{1y}\tau_2 - \dfrac{1}{6}S_y\tau_2^3 + \dfrac{1}{2}S_yT_1\tau_2^2, & t_1 \leqslant \tau_2 < t_2, \\[3mm] V_{ey} = V_{1y} + A_{1y}T_2 - \dfrac{1}{6}S_yT_2^3 + \dfrac{1}{2}S_yT_1T_2^2 \end{cases}$$

$$r_x(\tau) = \begin{cases} R_{sx} + V_{sx}\tau_1 + \dfrac{1}{2}A_{sx}\tau_1^2 + \dfrac{1}{24}S_x\tau_1^4, & 0 \leqslant \tau_1 < t_1, \\[2mm] R_{1x} = R_{sx} + V_{sx}T_1 + \dfrac{1}{2}A_{sx}T_1^2 + \dfrac{1}{24}S_xT_1^4 \\[2mm] R_{1x} + V_{1x}\tau_2 + \dfrac{1}{2}A_{1x}\tau_2^2 - \dfrac{1}{24}S_x\tau_2^4 + \dfrac{1}{6}S_xT_1\tau_2^3, & t_1 \leqslant \tau_2 < t_2, \\[2mm] R_{ex} = R_{1x} + V_{1x}T_2 + \dfrac{1}{2}A_{1x}T_2^2 - \dfrac{1}{24}S_xT_2^4 + \dfrac{1}{6}S_xT_1T_2^3 \end{cases}$$

$$r_y(\tau) = \begin{cases} R_{sy} + V_{sy}\tau_1 + \dfrac{1}{2}A_{sy}\tau_1^2 + \dfrac{1}{24}S_y\tau_1^4, & 0 \leqslant \tau_1 < t_1, \\[2mm] R_{1y} = R_{sy} + V_{sy}T_1 + \dfrac{1}{2}A_{sy}T_1^2 + \dfrac{1}{24}S_yT_1^4 \\[2mm] R_{1y} + V_{1y}\tau_2 + \dfrac{1}{2}A_{1y}\tau_2^2 - \dfrac{1}{24}S_y\tau_2^4 + \dfrac{1}{6}S_yT_1\tau_2^3, & t_1 \leqslant \tau_2 < t_2, \\[2mm] R_{ey} = R_{1y} + V_{1y}T_2 + \dfrac{1}{2}A_{1y}T_2^2 - \dfrac{1}{24}S_yT_2^4 + \dfrac{1}{6}S_yT_1T_2^3 \end{cases}$$

进入和离开拐角时，X 轴、Y 轴的速度和加速度可以由最快转接速度 V_c 和最大加速度 A_c 计算出：

$$\begin{cases} V_{sx} = V_c\cos\theta_1 \\ V_{sy} = V_c\sin\theta_1 \end{cases} \cdot \begin{cases} V_{ex} = V_c\cos(\theta_1 + \theta_2) = V_{sx} + 2A_{sx}T_1 + S_xT_1^3 \\ V_{ey} = V_c\sin(\theta_1 + \theta_2) = V_{sy} + 2A_{sy}T_1 + S_yT_1^3 \end{cases}$$

$$\begin{cases} A_{sx} = -A_c\cos\theta_1 \\ A_{sy} = -A_c\sin\theta_1 \end{cases} \cdot \begin{cases} A_{ex} = A_c\cos(\theta_1 + \theta_2) = A_{sx} + S_xT_1^2 \\ A_{ey} = A_c\sin(\theta_1 + \theta_2) = A_{sy} + S_yT_1^2 \end{cases}$$

转接运动期间，每个轴的速度差为

$$\begin{cases} \Delta V_x = V_c\,|\cos(\theta_1 + \theta_2) - \cos\theta_1| \\ \Delta V_y = V_c\,|\sin(\theta_1 + \theta_2) - \sin\theta_1| \end{cases}$$

由于转接运动开始和结束处的速度和加速度的大小相同，速度方向相同、加速度方向相反，故拐角轮廓轨迹对称，最大轮廓误差在拐角轮廓的中点，中点位置为

$$X_{mid} = V_{sx}T_1 + \frac{1}{2}A_{sx}T_1^2 + \frac{1}{24}S_xT_1^4$$

$$Y_{mid} = V_{sy}T_1 + \frac{1}{2}A_{sy}T_1^2 + \frac{1}{24}S_yT_1^4$$

拐角 P_c 的几何位置定义为

$$P_c = \begin{cases} X_c = R_c\cos\theta_1 \\ Y_c = R_c\sin\theta_1 \end{cases}$$

其中，R_c 为转接运动开始处到拐角点的欧几里得长度，其可以通过转接运动轮廓的几何形状和总位移来计算。如 X 轴的欧几里得长度 R_c 为

$$R_c = \left| \frac{2V_{sx}T_1 + 2A_{sx}T_1^2 + \dfrac{7}{12}S_xT_1^4}{\cos\theta_1 + \cos(\theta_1 + \theta_2)} \right|$$

可得到轮廓误差为

$$\varepsilon_x = X_{\text{mid}} - X_c = \varepsilon\cos\theta_\varepsilon$$

$$= \frac{V_{sx}T_1\left[\cos(\theta_1+\theta_2)-\cos\theta_1\right]+A_{sx}T_1^2\left[\dfrac{1}{2}\cos(\theta_1+\theta_2)-\dfrac{3}{2}\cos\theta_1\right]}{\cos\theta_1+\cos(\theta_1+\theta_2)}$$

$$+\frac{S_xT_1^4\left[\dfrac{1}{24}\cos(\theta_1+\theta_2)-\dfrac{13}{24}\cos\theta_1\right]}{\cos\theta_1+\cos(\theta_1+\theta_2)}$$

类似地，Y 轴的各个参数可以通过将余弦项替换为正弦项得出。在数控系统加工过程中，为了提高加工效率，至少有一个轴的加速度和跳度达到驱动器运动学极限，这个轴就是极限轴，其余轴就是从动。因此可识别最大速度跃变轴从而确定极限轴，推导出最佳转接速度。如果 $\Delta V_x > \Delta V_y$，X 轴就是极限轴，Y 轴就是从动轴。极限轴的加速度、速度和最大轮廓误差约束为

$$\begin{cases} A_c\cos(\theta_1+\theta_2)=-A_c\cos\theta_1+S_xT_1^2 \\[1mm] V_c\cos(\theta_1+\theta_2)=V_c\cos\theta_1-2A_c\cos\theta_1 T_1+S_xT_1^3 \\[1mm] \varepsilon\cos\left(\dfrac{\pi}{2}+\theta_1+\dfrac{\theta_2}{2}\right) \\[2mm] \quad =\dfrac{V_c\cos\theta_1 T_1\left[\cos(\theta_1+\theta_2)-\cos\theta_1\right]-A_c\cos\theta_1 T_1^2\left[\dfrac{1}{2}\cos(\theta_1+\theta_2)-\dfrac{3}{2}\cos\theta_1\right]}{\cos\theta_1+\cos(\theta_1+\theta_2)} \\[3mm] \quad\quad +\dfrac{S_xT_1^4\left[\dfrac{1}{24}\cos(\theta_1+\theta_2)-\dfrac{13}{24}\cos\theta_1\right]}{\cos\theta_1+\cos(\theta_1+\theta_2)} \end{cases}$$

通过限制驱动器的加速度或跳度极限推导最大转接速度，假设极限轴以驱动器的最大跳度极限进给，则 $S_x=S_{\max}$，代入上式求得最大转接速度以及相应的加速度、持续时间和位移为

$$\begin{cases} V_c = \sqrt[4]{\left|\dfrac{24^3\varepsilon^3\cos^3\theta_\varepsilon S_{\max}}{(\cos\theta_e+\cos\theta_s)(\cos\theta_e-\cos\theta_s)^3}\right|} \\[4mm] A_c = \sqrt{\left|\dfrac{24\varepsilon\cos\theta_\varepsilon S_{\max}}{\cos^2\theta_e-\cos^2\theta_s}\right|} \\[4mm] T_1 = \sqrt[4]{\left|\dfrac{24\varepsilon\cos\theta_\varepsilon(\cos\theta_s+\cos\theta_e)}{(\cos\theta_e-\cos\theta_s)S_{\max}}\right|} \\[4mm] R_c = \dfrac{14\varepsilon\cos\theta_\varepsilon}{\cos\theta_e-\cos\theta_s} \end{cases}$$

当极限轴以驱动器最大加速度进给时，则 $A_x=A_{\max}$，则可求得最大转接速度以及相应的跳度、持续时间和位移为

$$
\begin{cases}
V_{\mathrm{c}} = \sqrt{\dfrac{24A_{\max}\varepsilon\cos\theta_{\varepsilon}}{\cos\theta_{\mathrm{e}} - \cos\theta_{\mathrm{s}}}} \\[4mm]
S_{x} = \dfrac{A_{\max}^{2}(\cos^{2}\theta_{\mathrm{e}} - \cos^{2}\theta_{\mathrm{s}})}{24\varepsilon\cos\theta_{\varepsilon}} \\[4mm]
T_{1} = \sqrt{\dfrac{24\varepsilon\cos\theta_{\varepsilon}}{A_{\max}(\cos\theta_{\mathrm{e}} - \cos\theta_{\mathrm{s}})}} \\[4mm]
R_{\mathrm{c}} = \dfrac{14\varepsilon\cos\theta_{\varepsilon}}{\cos\theta_{\mathrm{e}} - \cos\theta_{\mathrm{s}}}
\end{cases}
$$

为了满足驱动器的运动学限制条件,最大转接速度为

$$
V_{\mathrm{c}} = \min\{V_{\mathrm{cSmax}}, V_{\mathrm{cAmax}}\}
$$

最后,求解进给轴转接运动的持续时间:

$$
T_{1} = \left| \dfrac{24\varepsilon\sin\left(\theta_{1} + \dfrac{\theta_{2}}{2}\right)}{V_{\mathrm{c}}[\cos(\theta_{1} + \theta_{2}) - \cos\theta_{1}]} \right|
$$

从动轴拐角持续时间与极限轴相同,从动轴的跳度和加速度极限为

$$
S_{y} = \dfrac{V_{\mathrm{ey}} - V_{\mathrm{sy}}}{T_{1}^{2}T_{3} + T_{1}^{3}}
$$

$$
A_{y} = S_{y}T_{1}^{2}
$$

最终可得出从动轴的速度、加速度和位移曲线。将 X 轴和 Y 轴的运动轨迹混合则得到刀具路径轮廓轨迹。连续加速度拐角平滑算法流程图见图 4-7。

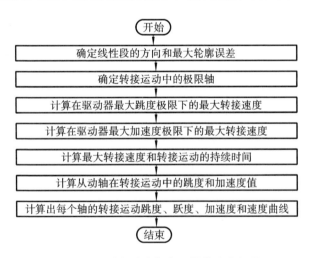

图 4-7　连续加速度拐角平滑算法流程图

4.4 仿真实验

4.4.1 仿真分析

针对短线段连接处的尖锐拐角,提出基于跳度限制加速度曲线的中断加速度拐角平滑算法和连续加速度拐角平滑算法。中断加速度拐角平滑算法需要在转接运动开始和结束处平滑地将加速度减小到零,而连续加速度拐角平滑算法无须在转接运动开始和结束处将加速度降为零,而是直接进行拐角平滑转接。从这一点来看,可以确定连续加速度拐角平滑算法更具优势,但实际上直接用连续加速度拐角平滑算法进行拐角平滑转接需要付出一定的代价。下面对这两个算法的各个方面进行详细分析,以确定两个算法的各自优势。

首先针对 $90°$ 直角的刀具路径在两个不同的轮廓误差 $10 \ \mu m$ 和 $30 \ \mu m$ 情况下进行分析,该段路径总长度为 $4 \ mm$。设置驱动器的跳度和加速度极限分别为 $S_m = 2 \times 10^8 \ mm/s^4$ 和 $A_m = 2000 \ mm/s^2$。图 4-8 为中断加速度拐角平滑算法的应用情况,对于轮廓误差为 $30 \ \mu m$ 的刀具路径,图中用实线表示,进给轴的最大转接速度为 $12.38 \ mm/s$,总的加工时间为 $0.1412 \ s$;相对于较小轮廓误差 $10 \ \mu m$,图中用虚线表示,进给轴的最大转接速度为 $7.54 \ mm/s$,总的加工时间为 $0.1446 \ s$。图 4-9 为连续加速度拐角平滑算法的应用情况,对于轮廓误差为 $30 \ \mu m$ 的刀具路径,图中用实线表示,进给轴的最大转接速度为 $31.91 \ mm/s$,总的加工时间为 $0.1347 \ s$;对于较小的轮廓误差 $10 \ \mu m$,图中用虚线表示,进给轴的最大转接速度为 $18.41 \ mm/s$,总的加工时间为 $0.1358 \ s$。各算法的相应参数如表 4-1 所示。

可以看出,两种算法都实现拐角平滑转接,且进给位移轮廓达到曲率光顺(G^3 连续),加速度轮廓达到 G^1 连续。同时,当两个算法对相同的刀具路径进行加工并且设置相对较大的轮廓误差时,进给运动的转接持续时间 T_c 相对较长,但总加工时间 T_Σ 相对较短。这是由于轮廓误差变大时,进给运动的最大转接速度 V_c 变大,这样在整个转接运动中能以较大的速度进行转接。与此同时,虽然所需的拐角转接线性段的长度也变大,但是转接持续时间反而变长,这样一来剩余的线性段长度反而减小,进给运动的速度又变大,故总的加工时间反而缩短。在具有相同轮廓误差的刀具路径中,中断加速度拐角平滑算法转接时间相对较短,但总加工时间较长,转接速度相对较小,转接运动开始点到拐角点的线位移也更小。这是由于中断加速度拐角平滑算法要求进给运动在转接运动开始和结束时加速度为零,故在相同的轮廓误差条件下,其转接速度相对较小,加速和减速时间相对较短,并且拐角的线性位移大大减小,但在进入拐角之前需要更多的时间将加速度降为零,因此总加工时间变得更长。连续加速度拐角平滑算法有较大的转接速度,因为转接运动开始时进给加速度不需要降

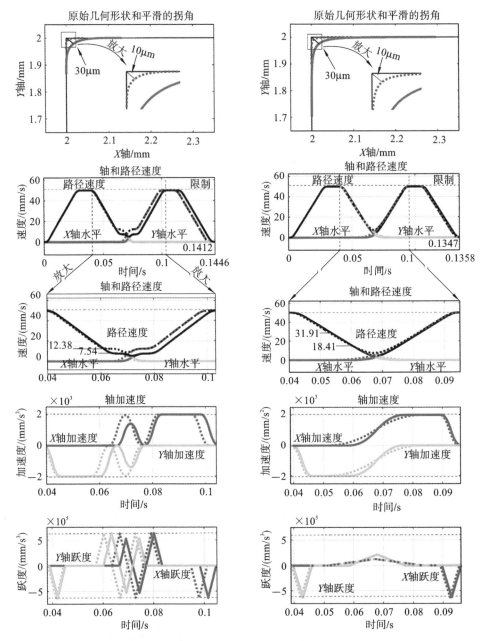

图 4-8　中断加速度拐角平滑算法应用于不同　图 4-9　连续加速度拐角平滑算法应用于不同
　　　　轮廓误差下的速度、加速度和跃度曲线　　　　　轮廓误差下的速度、加速度和跃度曲线

为零,转接速度可以以较大的加速度减小,所以需要更多的转接持续时间,这就导致转接运动的线性位移比较大,但剩余线性位移相对较小,且没有额外的加减速时间,因此总的加工时间相对较短。

表 4-1 在不同轮廓误差下中断加速度拐角平滑算法和连续加速度拐角平滑算法参数对比

算法	轮廓误差/μm	T_c/s	T_Σ/s	V_c/(mm/s)	V_{mid}/(mm/s)	R_c/mm
中断加速度	10	0.0106	0.1446	7.54	5.318	0.04
拐角平滑算法	30	0.0125	0.1412	12.38	8.738	0.132
连续加速度	10	0.0158	0.1358	18.41	4.342	0.099
拐角平滑算法	30	0.0319	0.1347	31.91	7.521	0.297

进一步分析在锐角和钝角加工路径上这两种算法各自的性能。设置加工的最大轮廓误差为 20 μm，驱动器的最大跳度和加速度极限分别为 $S_m=2\times10^8$ mm/s^4 和 $A_m=2000$ mm/s^2。图 4-10 所示为中断加速度拐角平滑算法应用于 60°锐角加工路径下的速度、加速度和跃度曲线，进给运动的最大转接速度为 7.3 mm/s，在最大轮廓误差处的进给速度为 3.65 mm/s，X 轴进入拐角时的进给速度为 6.315 mm/s，离开拐角时的进给速度为 $-$ 6.315 mm/s，Y 轴进入和离开拐角时的进给速度为 3.65 mm/s，X 轴在拐角转接运动中加速度、跃度和跳度达到驱动器的运动极限，Y 轴为匀速运动，拐角持续时间为 0.0127 s。图 4-11 所示为连续加速度拐角平滑算法应用于 60°加工路径下的速度、加速度和跃度曲线，进给运动的最大转接速度为 23.54 mm/s，在最大轮廓误差处的进给速度为 3.92 mm/s，X 轴进入拐角时的进给速度为 20.39 mm/s，离开拐角时的进给速度为 $-$20.39 mm/s，Y 轴进入和离开拐角时的进给速度均为 11.77 mm/s。在转接运动中，X 轴的最大加速度为 -1732 mm/s^2（负号仅表示方向，下同），Y 轴的最大加速度为 $-$ 1000 mm/s^2，Y 轴最大跃度为 1.7×10^5 mm/s^3，Y 轴的跳度值为 1.443×10^7 mm/s^4，转接运动的持续时间为 0.0236 s。各算法在锐角加工路径下的性能参数如表 4-2 所示。

相比之下，连续加速度拐角平滑算法的最大转接速度 V_c 是中断加速度拐角平滑算法的 3 倍多，但这两种算法在最大轮廓误差点处的进给速度 V_{mid} 相近，其中中断加速度拐角平滑算法的 V_{mid} 稍微比连续加速度拐角平滑算法的小一点。同时，连续加速度拐角平滑算法的转接持续时间比中断加速度拐角平滑算法要长。这两种算法在计算过程中，极限轴都是 X 轴，中断加速度拐角平滑算法的极限轴最大转接速度相对较小，相当于连续加速度拐角平滑算法极限轴最大转接速度的 1/3。但有意思的是，虽然中断加速度拐角平滑算法极限轴的最大转接速度较小，但是其最大跳度值已经饱和，而连续加速度拐角平滑算法的最大跳度值仅达到驱动器运动学极限的约 1/14。通过分析，连续加速度拐角平滑算法的转接速度相对较大，因为当进给运动进入转接开始点时，不需要将加速度降为零，节省很多加减速时间，所以进给运动可以以较大速度进行转接，但由于转接速度比较大，转接运动的线性位移就比较长，而剩余的加工路径就比较短，总的加工时间就大大减少。连续加速度拐角平滑算法的加速度变化也比较小，无须先减速到零，所以其所需的跳度值就比较小；而中断加速度拐角平滑算法在转接运动开始和结束处加速度要降为零，需要驱动器提供较大的跳度才能在较短时间内进行加减速，因此其跳度值达到驱动器的运动学极限。

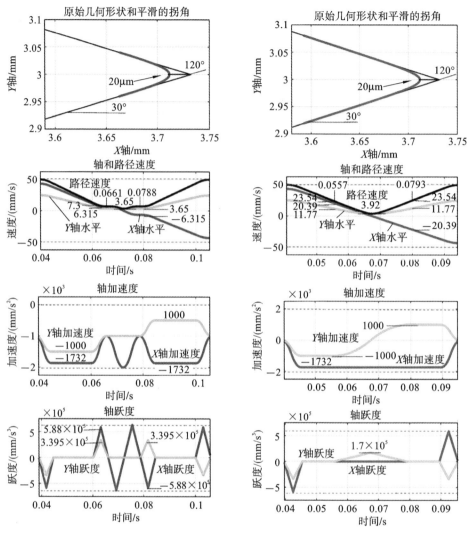

图 4-10　中断加速度拐角平滑算法应用于锐角　图 4-11　连续加速度拐角平滑算法应用于锐角
　　　　加工路径下的速度、加速度和跃度曲线　　　　加工路径下的速度、加速度和跃度曲线

表 4-2　中断加速度拐角平滑算法和连续加速度拐角平滑算法在锐角加工路径下的性能参数对比

算法	轮廓误差/μm	T_c/s	V_c/ (mm/s)	V_{mid}/ (mm/s)	V_{sx}/ (mm/s)	V_{ex}/ (mm/s)	V_{sy}/ (mm/s)	V_{ey}/ (mm/s)	R_c/ mm	S_m/ (mm/s⁴)
中断加速度拐角平滑算法	20	0.0127	7.3	3.65	6.315	−6.315	3.65	3.65	0.08	2×10^8
连续加速度拐角平滑算法	20	0.0236	23.54	3.92	20.39	−20.39	11.77	11.77	0.162	1.44×10^7

图 4-12 所示为中断加速度拐角平滑算法应用于 150°钝角加工路径下的速度、加速度、跃度曲线,进给运动的最大转接速度为 20.56 mm/s,在最大轮廓误差处的进给速度为 19.85 mm/s,X 轴转接运动开始和结束时的进给速度为 17.8 mm/s,Y 轴转接运动开始和结束时的进给速度为 10.27 mm/s。在转接运动期间,X 轴和 Y 轴的最大加速度分别为 −1414 mm/s² 和 1414 mm/s²,X 轴和 Y 轴的最大跃度值都为 5.3×10⁵ mm/s³,跳度均达到驱动器运动学极限,转接运动的持续时间为 0.0106 s。图 4-13 所示为连续加速度拐角平滑算法应用于 150°钝角加工路径下的速度、加速度、跃度曲线,进给运动的最大转接速度为 43.05 mm/s,在最大轮廓误差处的进给速度为 13.87 mm/s,X 轴在转接运动开始处进给速度为 37.3 mm/s,在转接运动结束

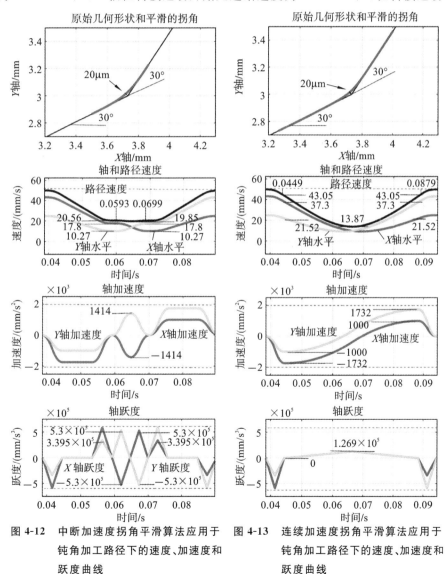

图 4-12　中断加速度拐角平滑算法应用于钝角加工路径下的速度、加速度和跃度曲线

图 4-13　连续加速度拐角平滑算法应用于钝角加工路径下的速度、加速度和跃度曲线

处的进给速度为 21.52 mm/s, Y 轴在转接运动开始处的进给速度为 21.52 mm/s, 在转接运动结束处的进给速度为 37.3 mm/s。在转接运动期间, X 轴和 Y 轴的最大加速度为 -1732 mm/s² 和 1732 mm/s², X 轴和 Y 轴的最大跃度为 1.269×10^5 mm/s³, X 轴和 Y 轴的跳度均为 5.89×10^6 mm/s⁴, 转接运动的持续时间为 0.043 s。两种算法在钝角加工路径下的性能参数如表 4-3 所示。

表 4-3 中断加速度拐角平滑算法和连续加速度拐角平滑算法在钝角加工路径下的性能参数对比

算法	轮廓误差/μm	T_c/s	V_c/ (mm/s)	V_{mid}/ (mm/s)	$V_{s,x}$/ (mm/s)	$V_{e,x}$/ (mm/s)	V_{sy}/ (mm/s)	V_{ey}/ (mm/s)	R_c/ mm	S_m/ (mm/s⁴)
中断加速度拐角平滑算法	20	0.0106	20.56	19.85	17.8	10.27	10.27	17.8	0.267	2×10^8
连续加速度拐角平滑算法	20	0.043	43.05	13.87	37.3	21.52	21.52	37.3	0.540	5.89×10^6

进一步分析可知,中断加速度拐角平滑算法的加速度在转接运动开始处减小至零,转接速度相对较小,所以加减速时间较短,转接运动持续时间较短,其线性位移较小。连续加速度拐角平滑算法可以获得更高的转接速度,转接运动开始处的进给速度更大,所以加减速时间相对更长,转接运动持续时间更长,其线性位移相对较大。虽然中断加速度拐角平滑算法的加速度在转接运动开始处为零,但加速度转接在短时间内受到限制,所以其跳度达到驱动器的运动学极限。连续加速度拐角平滑算法的加速度比较大,但加速度变化较小,形成较小的进给波动。

比较在锐角加工路径和钝角加工路径两个方面两种算法的差异性,发现中断加速度拐角平滑算法的最大转接速度、转接运动的持续时间和转接运动的线性位移都相对较小,更加适合短线段加工;连续加速度拐角平滑算法可以获得更大的转接速度,并且总的加工时间相对较短,在相对长直线加工方面具有显著的优势。

4.4.2 实验分析

最后通过实验来分析两种拐角平滑算法的运动学性能。平面运动由两台直线电机驱动, Y 轴为龙门架,承载着较轻的 X 轴。伺服放大器被设定为转矩(电流)控制模式,线性编码器的反馈分辨率为 0.8 μm, 伺服系统的闭环采样时间为 0.1 ms, 轴位置反馈带宽 $\omega_n = 25$ Hz, 以确保良好的位置同步和路径跟踪。第一个实验的加工路径总长度为 80 mm, 是一个五角星形加工轮廓, 共有 9 个拐角, 其中 4 个 36° 锐角、5 个 108° 钝角。第二个实验加工路径的总长度为 508.46 mm, 为一个多角星形, 共有 30 个锐角, 其中最大的锐角为 48.88°, 最小的锐角为 8.59°, 设置加工允许的最大轮廓误差为 20 μm。驱动器运动性能设置:跳度、加速度和速度极限分别为 $S_m = 2 \times 10^8$ mm/s⁴, $A_m = 2000$ mm/s² 和 $V_m = 100$ mm/s。为了在图形中方便显示与说明,将中断加速度拐角平滑算法简写为 IASA, 连续加速度拐角平滑算法简写为 UASA。

第一个实验的拐角轮廓如图 4-14 所示,实验的速度、加速度、跃度曲线如图 4-15 所示,测量轮廓误差如图 4-16 所示。

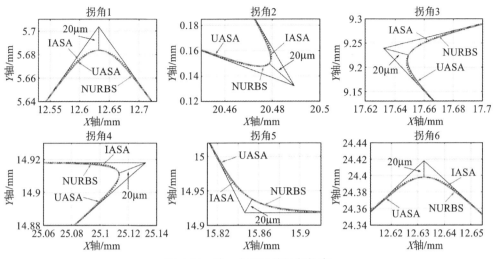

图 4-14 第一个实验的拐角轮廓

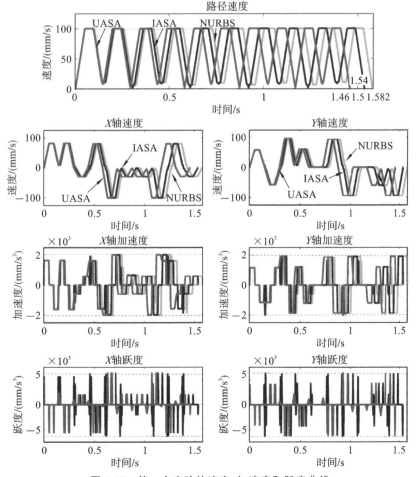

图 4-15 第一个实验的速度、加速度和跃度曲线

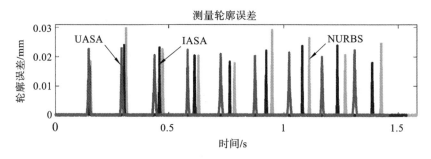

图 4-16　第一个实验的测量轮廓误差

　　第二个实验的加工路径和拐角轮廓如图 4-17 所示,实验的速度、加速度、跃度曲线如图 4-18 所示,测量轮廓误差如图 4-19 所示。两个实验的加工时间和算法性能对比见表 4-4 和表 4-5。通过分析和对比两个实验数据发现,随着拐角数量的增加和拐角角度的减小,中断加速度拐角平滑算法和连续加速度拐角平滑算法的总加工时间明显小于 NURBS 算法。当加工路径具有 30 个拐角时,拐角平滑算法比 NURBS

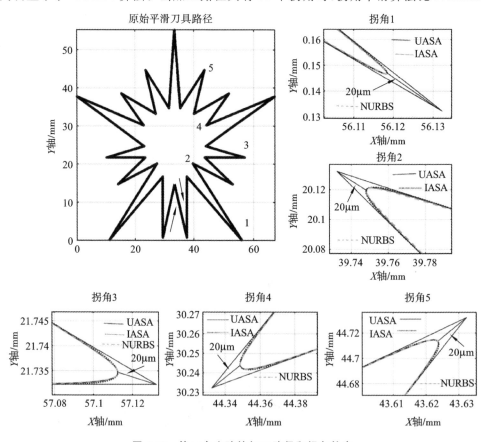

图 4-17　第二个实验的加工路径和拐角轮廓

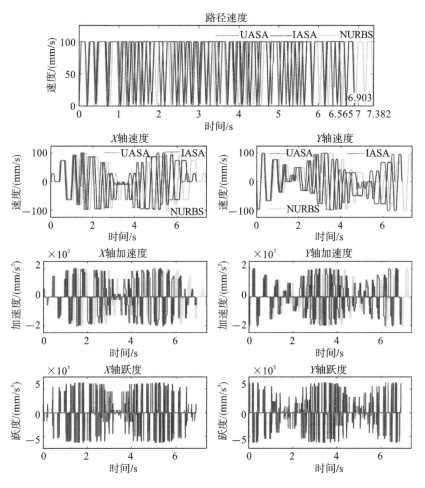

图 4-18 第二个实验的速度、加速度和跃度曲线

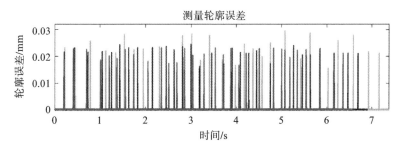

图 4-19 第二个实验的测量轮廓误差

表 4-4　第一个实验的加工时间和算法性能对比

算法	转接持续时间/s	加工时间/s	轮廓误差	
			均方根误差/μm	最大误差/μm
UASA	0.2338	1.46	1.67	22.52
IASA	0.1088	1.54	1.83	22.63
NURBS	0.1528	1.582	2.58	29.29

表 4-5　第二个实验的加工时间和算法性能对比

算法	转接持续时间/s	加工时间/s	轮廓误差	
			均方根误差/μm	最大误差/μm
UASA	0.647	6.565	1.97	23.6
IASA	0.3455	6.903	2.2	24.5
NURBS	0.8145	7.382	2.73	29.62

算法的加工时间减少 20%。另外,由于连续加速度拐角平滑算法的加速度在拐角转接开始处不需要减小到零,故连续加速度拐角平滑算法的总加工时间是最短的。中断加速度拐角平滑算法的转接速度高于 NURBS 插补算法的转接速度,因此中断加速度拐角平滑算法的总加工时间比 NURBS 算法的总加工时间少,采用拐角平滑算法可以将总加工时间缩短 6%~7%。

在轮廓误差方面,由于 NURBS 算法不考虑驱动器的跳度极限,故其加速度曲线不够平滑,轮廓误差也相对较高,均方根误差也比较大。本章提出的中断加速度拐角平滑算法和连续加速度拐角平滑算法都考虑了驱动器的跳度限制,以确保加速度平滑过渡,使加速度轮廓达到 G^1 连续,加工路径达到 G^3 连续(曲率光顺)。同时,采用拐角平滑算法的加工方式,其轮廓误差相对较小,加工性能也更加稳定。

本章参考文献

[1]　武跃. 五轴联动数控加工后置处理研究[D]. 上海:上海交通大学,2009.

[2]　TAJIMA S,SENCER B. Global tool-path smoothing for CNC machine tools with uninterrupted acceleration[J]. International Journal of Machine Tools and Manufacture,2017,121:81-95.

[3]　冷洪滨,邬义杰,潘晓弘. 三次多项式型微段高速自适应前瞻插补方法[J]. 机械工程学报,2009,45(6):73-79.

[4]　FAN W,GAO X S,YAN W,et al. Interpolation of parametric CNC machining path under confined jounce [J]. International Journal of Advanced Manufacturing Technology,2012,62(5):719-739.

[5]　ERKORKMAZ K, ALTINTAS Y. Quintic spline interpolation with minimal feed fluctuation [J]. Journal of Manufacturing Science and Engineering, Transactions of the ASME, 2005, 127(2): 339-349.

[6]　王英鹏. 运动学约束的五轴加工刀轴矢量优化研究 [D]. 大连: 大连理工大学, 2019.

[7]　袁佶鹏. 自适应的 NURBS 曲线拟合及其速度规划算法研究 [D]. 济南: 山东大学, 2019.

[8]　TIMAR S D, FAROUKI R T, SMITH T S, et al. Algorithms for time-optimal control of CNC machines along curved tool paths[J]. Robotics and Computer-Integrated Manufacturing, 2005, 21(1): 37-53.

[9]　TAJIMA S, SENCER B. Kinematic corner smoothing for high speed machine tools[J]. International Journal of Machine Tools and Manufacture, 2016, 108: 27-43.

[10]　BEUDAERT X, LAVERNHE S, TOURNIER C. 5-axis local corner rounding of linear tool path discontinuities [J]. International Journal of Machine Tools and Manufacture, 2013, 73: 9-16.

[11]　ERNESTO C A, FAROUKI R T. High-speed cornering by CNC machines under prescribed bounds on axis accelerations and toolpath contour error[J]. International Journal of Advanced Manufacturing Technology, 2012, 58(1): 327-338.

[12]　陈琳, 黄旭丰, 刘梦, 等. 综合多约束条件优化连续轨迹前瞻算法[J]. 机械工程学报, 2019, 55(13): 151-159.

5 独立拐角轮廓间短线段插补算法和重叠拐角轮廓插补算法

在短线段加工过程中对拐角进行平滑处理后,短线段拐角处可以平滑转接,但在实际生产和制造过程中,对短线段衔接处的拐角进行平滑插补后还需尽量考虑拐角轮廓间短线段的进给运动问题,合理地规划拐角轮廓间短线段的进给运动有助于进一步减少加工时间。假设不对拐角轮廓间的短线段进行速度规划,仅做匀速进给,显然会造成驱动器运动性能的极大浪费,得不到最优的加工时间。

当加工路径中的短线段数量较少时,这种会延长加工时间的算法的缺点还不明显,当加工复杂轮廓结构的零件时,短线段有成千上万条,极大地延长零件的加工时间。若想获得最优的加工时间,在加工短线段时,进给运动需要先加速再减速,尽量最大化利用驱动器的运动性能。如何选择合适的加减速算法、控制加减速的时间、确定最大的进给速度,都是需要考虑和确定的问题。如果简单地用传统的迭代方法去寻找最优进给速度,则会消耗大量的计算时间,降低系统的计算效率,无法满足插补算法实时性的需求,故需要开发一个精确寻找最大进给速度的算法,以提高系统的计算效率,满足数控系统插补算法实时性需求。同时,如何确定拐角处的最大转接速度与短线段处的最大进给速度的关系,也是必须考虑的问题。因为拐角处的转接速度势必会作为短线段处运动规划的边界条件,有必要对拐角处的最大转接速度进行合理的微调,使拐角转接运动的持续时间和短线段处的进给时间之和最优。要实现这样的功能,在进行当前拐角转接运动的同时,必须考虑拐角转接运动结束后短线段处的运动规划和下一个拐角的最大转接速度。这样就须用前瞻算法来提前规划短线段处的速度和下一个拐角的运动,从而适当调整当前拐角的运动规划来获得最佳的加工时间。

现阶段,针对这类问题有很多学者寻求解决方案。有些学者通过样条曲线插补算法对短线段进行插补,将短线段全局规划成平滑的样条曲线,以获得最短加工时间的进给运动,在样条曲线平滑路径后再对插补后的加工路径进行速度规划以获得平滑的速度和加速度轮廓。但是样条曲线插补算法分两步规划来获得不间断进给运动的策略是比较低效和烦琐的。而且样条曲线插补方法还受限于算法本身的一些技术瓶颈,如无法精确计算曲线长度、无法有效抑制弦高误差和无法精确控制轮廓误差等。因此,我们常通过滤波脉冲响应来获得整个加工路径的不间断进给运动。

规划拐角轮廓间短线段的进给运动,在整个加工路径实现不间断进给运动的目标,并获得满足 G^1 连续的加速度轮廓。这种算法主要根据拐角间线性段的长度并结合前后两个拐角的加速度、转接速度和跃度轮廓计算出短线段进给运动的最大进给速度,再根据最大进给速度来计算速度规划的时间,研究前后两个拐角的最大转接速度对短线段处最大进给速度的影响,开发一套可以在指定范围内调整最大转接速度的插补算法,使得拐角处的转接运动和拐角轮廓间短线段进给运动的加工时间之和达到最优。另外,为满足实时性的需求,最大进给速度可以由插补算法精确计算,无须通过深度迭代算法来寻找,提高插补算法的计算效率。

5.1　自适应进给速度

NC 程序所指定的离散化加工路径中包含一些密集的短线段,这些短线段的长度无法满足驱动器在最大加速度条件下加速到最大进给速度再减速到下一个拐角的最大转接速度的距离,但如果驱动器在该段距离内匀速进给,则会造成驱动器运动性能的浪费。针对这些短线段提出一种具有自适应调整不间断进给运动策略的插补算法,可以根据拐角轮廓间短线段长度精确计算出在短线段处的最大进给速度,并在充分利用驱动器运动性能的同时实现加速度和速度轮廓平滑。若要实现自适应进给速度,就必须使用前瞻算法进行规划,数控系统在插补的同时必须预读下一个短线段的长度,并实时计算出下一个拐角的最大转接速度。

图 5-1 展示了一段 NC 程序所规划的加工路径,每个路径的拐角通过拐角平滑技术来实现拐角不间断进给运动,可以确定每个拐角的转接速度 V_c 和加速度 A_c,通过前瞻算法预读一系列的刀具路径来规划拐角间短线段的进给速度。图 5-2 所示为基于前瞻算法的自适应进给速度运动策略。若开启加工路径全局插补算法后,数控系统便会对当前进给运动进行内插。首先,设置加工路径结束点 P^N 的速度为零,然后向前一段路径规划进给运动,直至规划至当前进给运动位置。在规划期间,当前进给运动速度减小,以保证可以进行插补运动,一旦当前运动接受规划的插补进给运动,则只考虑当前运动的第 k 个拐角和第 $k+1$ 个拐角的兼容性。这种基于前瞻算法的自适应进给速度插补算法可精确计算出最大进给速度,不需要使用任何的迭代算法就可实现快速插值规划。

首先通过拐角不间断进给运动,精确计算出每个拐角转接运动的线性距离 R_c^k,从而确定两个拐角轮廓间短线段的距离为

$$R_l^k = |\ P_c^k - P_c^{k+1}\ | - (R_c^k + R_c^{k+1})$$

如果 $R_l^k > 0$,则说明第 k 个和第 $k+1$ 个拐角轮廓没有重叠,该短线段处前后两个拐角都是独立拐角,互不影响,如图 5-3 所示;如果 $R_l^k < 0$,则说明第 k 个和第 $k+1$ 个拐角轮廓相互重叠,该短线段处的前后两个拐角相互影响,如图 5-4 所示,这种情况将在 5.4 节展开讨论。若加工路径中的拐角都是独立拐角,通过规划短线段前后两个拐角的最大转接速度、加速度边界条件来实现两个拐角间的速度和加速度平滑转接,如图 5-5 所示。对于常规的短线段,本节提出基于 11 段跳度限制加速度曲线

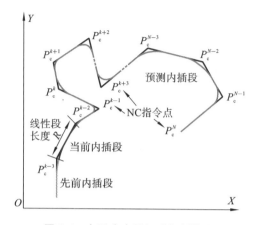

图 5-1　自适应全局运动规划算法

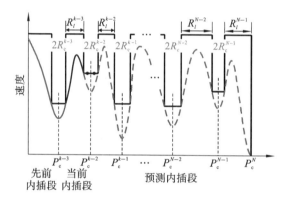

图 5-2　基于前瞻算法的自适应进给速度运动策略

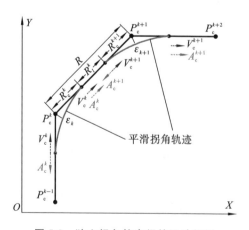

图 5-3　独立拐角轮廓间的运动规划

(图 5-6)来拼接两拐角间的不间断进给运动,以实现加速度平滑转接,最大进给速度可通过附加边界条件——速度 V_c^k、V_c^{k+1} 和加速度 A_c^k、A_c^{k+1} 获得。

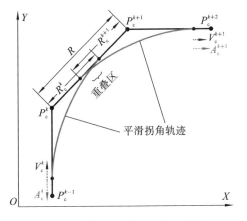

图 5-4　重叠拐角轮廓的运动规划

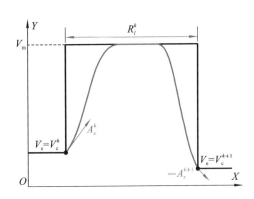

图 5-5　独立拐角间的速度平滑转接

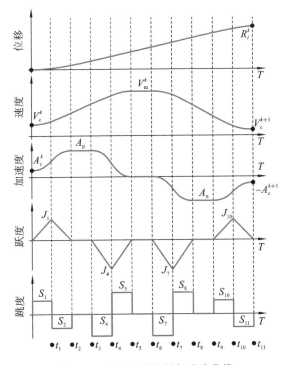

图 5-6　11 段跳度限制加速度曲线

跳度公式为

$$s(\tau) = \begin{cases} S_1 = S_{\mathrm{m}}, & 0 \leqslant \tau < t_1 \\ S_2 = -S_{\mathrm{m}}, & t_1 \leqslant \tau < t_2 \\ S_3 = 0, & t_2 \leqslant \tau < t_3 \\ S_4 = -S_{\mathrm{m}}, & t_3 \leqslant \tau < t_4 \\ S_5 = S_{\mathrm{m}}, & t_4 \leqslant \tau < t_5 \\ S_6 = 0, & t_5 \leqslant \tau < t_6 \\ S_7 = -S_{\mathrm{m}}, & t_6 \leqslant \tau < t_7 \\ S_8 = S_{\mathrm{m}}, & t_7 \leqslant \tau < t_8 \\ S_9 = 0, & t_8 \leqslant \tau < t_9 \\ S_{10} = S_{\mathrm{m}}, & t_9 \leqslant \tau < t_{10} \\ S_{11} = -S_{\mathrm{m}}, & t_{10} \leqslant \tau < t_{11} \end{cases}$$

对跳度曲线积分可以求得跃度、加速度、速度和位移曲线。t_i 为每个阶段相应的时间边界，从每个阶段开始处计算。

$$j(\tau) = \begin{cases} S_{\mathrm{m}}\tau_1, & 0 \leqslant \tau_1 < t_1 \\ -S_{\mathrm{m}}\tau_2 + S_{\mathrm{m}}T_1, & t_1 \leqslant \tau_2 < t_2 \\ 0, & t_2 \leqslant \tau_3 < t_3 \\ -S_{\mathrm{m}}\tau_4, & t_3 \leqslant \tau_4 < t_4 \\ S_{\mathrm{m}}\tau_5 - S_{\mathrm{m}}T_4, & t_4 \leqslant \tau_5 < t_5 \\ 0, & t_5 \leqslant \tau_6 < t_6 \\ -S_{\mathrm{m}}\tau_7, & t_6 \leqslant \tau_7 < t_7 \\ S_{\mathrm{m}}\tau_8 - S_{\mathrm{m}}T_7, & t_7 \leqslant \tau_8 < t_8 \\ 0, & t_8 \leqslant \tau_9 < t_9 \\ S_{\mathrm{m}}\tau_{10}, & t_9 \leqslant \tau_{10} < t_{10} \\ -S_{\mathrm{m}}\tau_{11} + S_{\mathrm{m}}T_{10}, & t_{10} \leqslant \tau_{11} < t_{11} \end{cases}$$

$$a(\tau) = \begin{cases} A_{\mathrm{c}}^k + \dfrac{1}{2}S_{\mathrm{m}}\tau_1^2, & 0 \leqslant \tau_1 < t_1, \ A_1 = A_{\mathrm{c}}^k + \dfrac{1}{2}S_{\mathrm{m}}T_1^2 \\[2mm] A_1 - \dfrac{1}{2}S_{\mathrm{m}}\tau_2^2 + S_{\mathrm{m}}T_1\tau_2, & t_1 \leqslant \tau_2 < t_2, \ A_2 = A_1 - \dfrac{1}{2}S_{\mathrm{m}}T_2^2 + S_{\mathrm{m}}T_1T_2 \\[2mm] A_{\mathrm{p}}, & t_2 \leqslant \tau_3 < t_3, \ A_3 = A_{\mathrm{p}} = A_2 \\[2mm] A_{\mathrm{p}} - \dfrac{1}{2}S_{\mathrm{m}}\tau_4^2, & t_3 \leqslant \tau_4 < t_4, \ A_4 = A_{\mathrm{p}} - \dfrac{1}{2}S_{\mathrm{m}}T_4^2 \\[2mm] A_4 + \dfrac{1}{2}S_{\mathrm{m}}\tau_5^2 - S_{\mathrm{m}}T_4\tau_5, & t_4 \leqslant \tau_5 < t_5, \ A_5 = A_4 + \dfrac{1}{2}S_{\mathrm{m}}T_5^2 - S_{\mathrm{m}}T_4T_5 \\[2mm] 0, & t_5 \leqslant \tau_6 < t_6, \ A_6 = 0 \\[2mm] -\dfrac{1}{2}S_{\mathrm{m}}\tau_7^2, & t_6 \leqslant \tau_7 < t_7, \ A_7 = -\dfrac{1}{2}S_{\mathrm{m}}T_7^2 \end{cases}$$

$$\begin{cases} A_7 + \dfrac{1}{2} S_m \tau_8^2 - S_m T_7 \tau_8, & t_7 \leqslant \tau_8 < t_8, \quad A_8 = A_7 + \dfrac{1}{2} S_m T_8^2 - S_m T_7 T_8 \\[2mm] A_n, & t_8 \leqslant \tau_9 < t_9, \quad A_8 = A_9 = A_n \\[2mm] A_n + \dfrac{1}{2} S_m \tau_{10}^2, & t_9 \leqslant \tau_{10} < t_{10}, \quad A_{10} = A_n + \dfrac{1}{2} S_m T_{10}^2 \\[2mm] A_{10} - \dfrac{1}{2} S_m \tau_{11}^2 + S_m T_{10} \tau_{11}, & t_{10} \leqslant \tau_{11} < t_{11}, \quad A_{11} = A_c^{k+1} = A_{10} - \dfrac{1}{2} S_m T_{11}^2 + S_m T_{10} T_{11} \end{cases}$$

其中，A_p 和 A_n 为最大正加速度和最大负加速度，T_i 为每个阶段的持续时间，A_i 为每个阶段结束时的加速度。

$$v(\tau) = \begin{cases} V_c^k + A_c^k \tau_1 + \dfrac{1}{6} S_m \tau_1^3, & \\ \quad 0 \leqslant \tau_1 < t_1, \quad V_1 = V_c^k + A_c^k T_1 + \dfrac{1}{6} S_m T_1^3 & \\[2mm] V_1 + A_1 \tau_2 - \dfrac{1}{6} S_m \tau_2^3 + \dfrac{1}{2} S_m T_1 \tau_2^2, & \\ \quad t_1 \leqslant \tau_2 < t_2, \quad V_2 = V_1 + A_1 T_2 - \dfrac{1}{6} S_m T_2^3 + \dfrac{1}{2} S_m T_1 T_2^2 & \\[2mm] V_2 + A_p \tau_3, & \\ \quad t_2 \leqslant \tau_3 < t_3, \quad V_3 = V_2 + A_p T_3 & \\[2mm] V_3 + A_p \tau_4 - \dfrac{1}{6} S_m \tau_4^3, & \\ \quad t_3 \leqslant \tau_4 < t_4, \quad V_4 = V_3 + A_p T_4 - \dfrac{1}{6} S_m T_4^3 & \\[2mm] V_4 + A_4 \tau_5 + \dfrac{1}{6} S_m \tau_5^3 - \dfrac{1}{2} S_m T_4 \tau_5^2, & \\ \quad t_4 \leqslant \tau_5 < t_5, \quad V_5 = V_4 + A_4 T_5 + \dfrac{1}{6} S_m T_5^3 - \dfrac{1}{2} S_m T_4 T_5^2 & \\[2mm] V_m, & \\ \quad t_5 \leqslant \tau_6 < t_6, \quad V_6 = V_m = V_5 & \\[2mm] V_m - \dfrac{1}{6} S_m \tau_7^3, & \\ \quad t_6 \leqslant \tau_7 < t_7, \quad V_7 = V_m - \dfrac{1}{6} S_m T_7^3 & \\[2mm] V_7 + A_7 \tau_8 + \dfrac{1}{6} S_m \tau_8^3 - \dfrac{1}{2} S_m T_7 \tau_8^2, & \\ \quad t_7 \leqslant \tau_8 < t_8, \quad V_8 = V_7 + A_7 T_8 + \dfrac{1}{6} S_m T_8^3 - \dfrac{1}{2} S_m T_7 T_8^2 & \end{cases}$$

$$
\left\{
\begin{aligned}
&V_8 + A_n\tau_9\,, \\
&\quad t_8 \leqslant \tau_9 < t_9\,, \quad V_9 = V_8 + A_n T_9 \\
&V_9 + A_n\tau_{10} + \frac{1}{6}S_m\tau_{10}^3\,, \\
&\quad t_9 \leqslant \tau_{10} < t_{10}\,, \quad V_{10} = V_9 + A_n T_{10} + \frac{1}{6}S_m T_{10}^3 \\
&V_{10} + A_{10}\tau_{11} - \frac{1}{6}S_m\tau_{11}^3 + \frac{1}{2}S_m T_{10}\tau_{11}^2\,, \\
&\quad t_{10} \leqslant \tau_{11} < t_{11}\,, \quad V_{11} = V_c^{k+1} = V_{10} + A_{10} T_{11} - \frac{1}{6}S_m T_{11}^3 + \frac{1}{2}S_m T_{10} T_{11}^2
\end{aligned}
\right.
$$

其中,V_m 为最大进给速度,V_i 为每个阶段结束时的速度。对速度曲线进行积分可以得到位移曲线。

$$
r(\tau) = \left\{
\begin{aligned}
&V_c^k\tau_1 + \frac{1}{2}A_c^k\tau_1^2 + \frac{1}{24}S_m\tau_1^4\,, \\
&\quad 0 \leqslant \tau_1 < t_1\,, \quad R_1 = V_c^k T_1 + \frac{1}{2}A_c^k T_1^2 + \frac{1}{24}S_m T_1^4 \\
&R_1 + V_1\tau_2 + \frac{1}{2}A_1\tau_2^2 - \frac{1}{24}S_m\tau_2^4 + \frac{1}{6}S_m T_1\tau_2^3\,, \\
&\quad t_1 \leqslant \tau_2 < t_2\,, \quad R_2 = R_1 + V_1 T_2 + \frac{1}{2}A_1 T_2^2 - \frac{1}{24}S_m T_2^4 + \frac{1}{6}S_m T_1 T_2^3 \\
&R_2 + V_2\tau_3 + \frac{1}{2}A_p\tau_3^2\,, \\
&\quad t_2 \leqslant \tau_3 < t_3\,, \quad R_3 = R_2 + V_2 T_3 + \frac{1}{2}A_p T_3^2 \\
&R_3 + V_3\tau_4 + \frac{1}{2}A_p\tau_4^2 - \frac{1}{24}S_m\tau_4^4\,, \\
&\quad t_3 \leqslant \tau_4 < t_4\,, \quad R_4 = R_3 + V_3 T_4 + \frac{1}{2}A_p T_4^2 - \frac{1}{24}S_m T_4^4 \\
&R_4 + V_4\tau_5 + \frac{1}{2}A_4\tau_5^2 + \frac{1}{24}S_m\tau_5^4 - \frac{1}{6}S_m T_4\tau_5^3\,, \\
&\quad t_4 \leqslant \tau_5 < t_5\,, \quad R_5 = R_4 + V_4 T_5 + \frac{1}{2}A_4 T_5^2 + \frac{1}{24}S_m T_5^4 - \frac{1}{6}S_m T_4 T_5^3 \\
&R_5 + V_m\tau_6\,, \\
&\quad t_5 \leqslant \tau_6 < t_6\,, \quad R_6 = R_5 + V_m T_6 \\
&R_6 + V_m\tau_7 - \frac{1}{24}S_m\tau_7^4\,, \\
&\quad t_6 \leqslant \tau_7 < t_7\,, \quad R_7 = R_6 + V_m T_7 - \frac{1}{24}S_m T_7^4
\end{aligned}
\right.
$$

$$t_7 \leqslant \tau_8 < t_8, \quad R_8 = R_7 + V_7 T_8 + \frac{1}{2} A_7 T_8^2 + \frac{1}{24} S_m T_8^4 - \frac{1}{6} S_m T_7 T_8^3$$

$$R_8 + V_8 \tau_9 + \frac{1}{2} A_n \tau_9^2,$$

$$t_8 \leqslant \tau_9 < t_9, \quad R_9 = R_8 + V_8 T_9 + \frac{1}{2} A_n T_9^2$$

$$R_9 + V_9 \tau_{10} + \frac{1}{2} A_n \tau_{10}^2 + \frac{1}{24} S_m \tau_{10}^4,$$

$$t_9 \leqslant \tau_{10} < t_{10}, \quad R_{10} = R_9 + V_9 T_{10} + \frac{1}{2} A_n T_{10}^2 + \frac{1}{24} S_m T_{10}^4$$

$$R_{10} + V_{10} \tau_{11} + \frac{1}{2} A_{10} \tau_{11}^2 - \frac{1}{24} S_m \tau_{11}^4 + \frac{1}{6} S_m T_{10} \tau_{11}^3,$$

$$t_{10} \leqslant \tau_{11} < t_{11}, \quad R_{11} = R_{10} + V_{10} T_{11} + \frac{1}{2} A_{10} T_{11}^2 - \frac{1}{24} S_m T_{11}^4 + \frac{1}{6} S_m T_{10} T_{11}^3$$

其中，R_i 为每个阶段结束时的位移。

首先需要计算出每个阶段的持续时间：

$$T_1 = T_2 = \sqrt{\frac{A_p - A_c^k}{S_m}}, \quad T_4 = T_5 = \sqrt{\frac{A_p}{S_m}}$$

$$T_7 = T_8 = \sqrt{\frac{A_n}{-S_m}}, \quad T_{10} = T_{11} = \sqrt{\frac{A_c^{k+1} - A_n}{S_m}}$$

$$T_3 = \frac{V_m - V_c^k}{A_p} - 2\sqrt{\frac{A_p}{S_m}} + \sqrt{\frac{(A_c^k)^3}{A_p^2 S_m}}$$

$$T_9 = \frac{V_c^{k+1} - V_m}{A_n} - 2\sqrt{\frac{A_n}{-S_m}} + \sqrt{\frac{(A_c^{k+1})^3}{-A_n^2 S_m}}$$

如果计算出 T_3 和 T_9 小于 0，则说明恒加速度阶段不存在，将 T_3 和 T_9 设置为 0，从而必须重新计算最大加速度，最大加速度的计算公式为

$$aA_p^4 + bA_p^3 + cA_p^2 + dA_p + e = 0$$

其中，a、b、c、d、e 计算公式如下：

$$a = \frac{(A_c^k)^2}{S_m^2}$$

$$b = \frac{8V_m V_c^k}{S_m} - \frac{2(A_c^k)^3}{S_m^2} - \frac{4V_m^2}{S_m} - \frac{4(V_c^k)^2}{S_m}$$

$$c = \frac{4V_m V_c^k A_c^k}{S_m} - \frac{(A_c^k)^4}{S_m^2} - \frac{2V_m^2 A_c^k}{S_m} - \frac{2(V_c^k)^2 A_c^k}{S_m}$$

$$d = \frac{2(A_c^k)^5}{S_m^5} + \frac{2V_m^2 (A_c^k)^2}{S_m} + \frac{2(V_c^k)^2 (A_c^k)^2}{S_m} - \frac{4V_m V_c^k (A_c^k)^2}{S_m}$$

$$e = V_m^4 + (V_c^k)^4 + 6V_m^2 (V_c^k)^2 - 4V_m^3 V_c^k + \frac{(A_c^k)^6}{S_m^2} + \frac{2V_m^2 (A_c^k)^3}{S_m}$$

$$-4(V_c^k)^2 V_m V_c^k + \frac{2(V_c^k)^2 (A_c^k)^3}{S_m} - \frac{4V_m V_c^k (A_c^k)^3}{S_m}$$

最终，拐角间的距离 L_l^k 应由所有阶段的插补位移得到。如果 L_l^k 足够长，则说明速度达到命令指定的最大进给速度，并以最大进给速度匀速行驶，$T_6 > 0$，因此沿着11段跳度限制加速度曲线的总位移为

$$L_l^k = V_m T_6 + \frac{2(V_c^k \sqrt{A_p - A_c^k} + V_c^{k+1} \sqrt{A_c^{k+1} - A_n})}{\sqrt{S_m}} + \frac{5(A_c^k A_p + A_c^{k+1} A_n)}{6S_m}$$

$$- \frac{17[(A_c^k)^2 + (A_c^{k+1})^2]}{12S_m} + \frac{V_m^2}{2}\left(\frac{1}{A_p} - \frac{1}{A_n}\right) + \frac{V_m(\sqrt{A_p} + \sqrt{-A_n})}{\sqrt{S_m}}$$

$$- \frac{(V_c^k \sqrt{A_p} + V_c^{k+1} \sqrt{-A_n})}{\sqrt{S_m}} + \frac{(A_c^k \sqrt{A_p A_c^k} - A_c^{k+1} \sqrt{A_n A_c^{k+1}})}{S_m}$$

$$+ \frac{1}{2}\left[\frac{(V_c^{k+1})^2}{A_n} - \frac{(V_c^k)^2}{A_p}\right] - \frac{1}{2S_m}\left[\frac{(A_c^{k+1})^3}{A_n} + \frac{(A_c^k)^3}{A_p}\right]$$

$$+ \frac{1}{\sqrt{S_m}}\left[\frac{V_c^{k+1}\sqrt{-(A_c^{k+1})^3}}{A_n} + \frac{V_c^k \sqrt{(A_c^k)^3}}{A_p}\right]$$

如果计算出的 $T_6 < 0$，则说明短线段的长度 L_l^k 无法支撑进给运动加速到最大进给速度，可以假设匀速进给阶段不存在，进给运动没有加速到指定的最大进给速度，需重新计算 V_m：

$$aV_{mnew}^2 + bV_{mnew} + c = 0$$

$$a = \frac{1}{2A_p} - \frac{1}{2A_n}$$

$$b = \frac{V_m(\sqrt{A_p} + \sqrt{-A_n})}{\sqrt{S_m}}$$

$$c = \frac{2(V_c^k \sqrt{A_p - A_c^k} + V_c^{k+1} \sqrt{A_c^{k+1} - A_n})}{\sqrt{S_m}} + \frac{5(A_c^k A_p + A_c^{k+1} A_n)}{6S_m} - \frac{17[(A_c^k)^2 + (A_c^{k+1})^2]}{12S_m}$$

$$- \frac{(V_c^k \sqrt{A_p} + V_c^{k+1} \sqrt{-A_n})}{\sqrt{S_m}} + \frac{(A_c^k \sqrt{A_p A_c^k} - A_c^{k+1} \sqrt{A_n A_c^{k+1}})}{S_m} + \frac{1}{2}\left[\frac{(V_c^{k+1})^2}{A_n} - \frac{(V_c^k)^2}{A_p}\right]$$

$$- \frac{1}{2S_m}\left[\frac{(A_c^{k+1})^3}{A_n} + \frac{(A_c^k)^3}{A_p}\right] + \frac{1}{\sqrt{S_m}}\left[\frac{V_c^{k+1}\sqrt{-(A_c^{k+1})^3}}{A_n} + \frac{V_c^k \sqrt{(A_c^k)^3}}{A_p}\right]$$

综上可知，根据短线段的长度来确定最大进给速度，即使短线段的长度无法支撑算法进行完整的11段加减速进给运动，也可以通过设置恒速阶段持续时间为0来重新确定最大进给速度。所以，该算法可以根据短线段的长度自适应进给速度，从而实现全局的速度和加速度平滑转接，且加工路径达到 G^3 连续（曲率光顺）。

5.2　插补算法的实时性实现

在实际加工过程中,有一些特殊情况会使得求解出的 V_{m} 为复杂根,这是我们不希望出现的,会造成额外的计算负担。如果要消除这种情况,就需要调整最大转接速度 V_{c}^{k} 和 V_{c}^{k+1} 以适应不间断进给运动的需求,但该如何确定最优的拐角转接速度呢?传统的迭代算法可寻找时间最优的短线段进给速度,但迭代算法需要深层次的循环计算才能找出合适的 V_{c}^{k} 和 V_{c}^{k+1},这就需要大量的计算时间,严重降低计算效率,无法满足数控系统插补算法的实时性要求,因此这种迭代算法在实时高速进给运动中并不适用。所以,开发一种更加准确、直接的方法用于寻找合适的 V_{c}^{k} 和 V_{c}^{k+1} 是非常必要的。

首先对两个拐角的转接速度进行尝试,如图 5-7 所示,使得最大转接速度降至最低。

$$V_{\mathrm{c}}^{k} = V_{\mathrm{c}}^{k+1} = \min\{V_{\mathrm{c}}^{k}, V_{\mathrm{c}}^{k+1}\}$$

在降低转接速度的同时,最大轮廓误差也会减小,这样转接运动所需的线性段长度 R_{c}^{k} 减小,使两个拐角间短线段的长度 R_{l}^{k} 延长,这样就可以实现拐角间不间断进给运动,如图 5-8 所示。在寻求最小转接速度的基础上进一步开发独立拐角轮廓间的过渡算法,用于精确搜索最优转接速度,规划合理的进给运动。

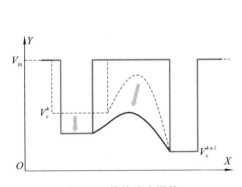

图 5-7　转接速度调整

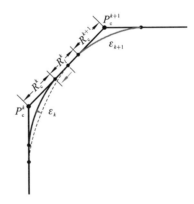

图 5-8　拐角轮廓调整

如果拐角间的短线段长度非常短,那么用完整的 11 段跳度限制加速度曲线的加减速算法并不现实,可以减少加减速的段数,用 6 段跳度限制加速度曲线替换 11 段跳度限制加速度曲线,以减小算法本身所需的最小线性段长度。首先假定 11 段跳度限制加速度曲线中不存在恒速度阶段和恒加速度阶段,则设恒加速度阶段和恒速度阶段中 $T_3 = T_6 = T_9 = 0$,同时如果最大转接速度 $V_{\mathrm{c}}^{k} > V_{\mathrm{c}}^{k+1}$,那么 11 段跳度限制加速度曲线中的前两个阶段就不存在,设 $T_1 = T_2 = 0$。类似地,如果 $V_{\mathrm{c}}^{k+1} > V_{\mathrm{c}}^{k}$,则设

$T_{10} = T_{11} = 0$，这样原来的 11 段跳度限制加速度曲线就被缩短为 6 段。用 6 段跳度限制加速度曲线来计算最佳的转接速度 V_c^k 和加速度 A_c^k，以达到独立拐角轮廓间短线段平滑转接的目的。利用轮廓误差、最佳转接速度、加速度和拐角所需线性段长度来建立如下关系：

$$\left.\begin{aligned} A_c'^k &= \sqrt{\alpha} A_c^k \\ V_c'^k &= \alpha V_c^k \\ R_c'^k &= \alpha^2 R_c^k \end{aligned}\right\}$$

其中，α 为转换系数。

各个阶段对应的时间为

$$T_4 = T_5 = \sqrt{\frac{A_c'^k}{S_m}}, \quad T_7 = T_8 = \sqrt{\frac{A_n}{-S_m}}, \quad T_{10} = T_{11} = \sqrt{\frac{A_c^{k+1} - A_n}{S_m}}$$

最大加速度 A_n 可以通过如下公式计算：

$$aA_n^4 + bA_n^3 + cA_n^2 + dA_n + e = 0$$

其中，a、b、c、d、e 计算公式如下：

$$a = \frac{(A_c^{k+1})^2}{S_m}$$

$$b = 4(V_c^{k+1})^2 + 4(V'^k_c)^2 + \frac{4(A_c^k)^3}{S_m} - \frac{2(A_c^{k+1})^3}{S_m} - 8V_c^{k+1} V'^k_c$$
$$- 8V_c^{k+1} A_c^k \sqrt{\frac{A_c^k}{S_m}} + 8V'^k_c A_c^k \sqrt{\frac{A_c^k}{S_m}}$$

$$c = 2(V_c^{k+1})^2 A_c^{k+1} + 2(V'^k_c)^2 A_c^{k+1} + \frac{2(A_c^k)^3 A_c^{k+1}}{S_m} - \frac{(A_c^{k+1})^4}{S_m} - 4V_c^{k+1} V'^k_c A_c^{k+1}$$
$$- 4V_c^{k+1} A_c^k A_c^{k+1} \sqrt{\frac{A_c^k}{S_m}} + 4V_c^k A_c^k A_c^{k+1} \sqrt{\frac{A_c^k}{S_m}}$$

$$d = -\left[2(V_c^{k+1})^2 (A_c^{k+1})^2 + 2(V'^k_c)^2 (A_c^{k+1})^2 + \frac{2(A_c^k)^3 (A_c^{k+1})^2}{S_m} - \frac{2(A_c^{k+1})^5}{S_m} \right.$$
$$\left. - 4V_c^{k+1} V'^k_c (A_c^{k+1})^2 - 4V_c^{k+1} (A_c^{k+1})^2 A_c^k \sqrt{\frac{A_c^k}{S_m}} + 4 V'^k_c A_c^k (A_c^{k+1})^2 \sqrt{\frac{A_c^k}{S_m}} \right]$$

$$e = \left[(V_c^{k+1})^2 - (V'^k_c)^2 \right]^2 S_m - 4V_c^{k+1} V'^k_c S_m (V_c^{k+1} - V'^k_c)^2 + \left[\frac{(A_c^k)^3}{S_m} - \frac{(A_c^{k+1})^3}{S_m} \right]^2 S_m$$
$$+ 2\left[3(A_c^k)^3 - (A_c^{k+1})^3 \right](V_c^{k+1} - V'^k_c)^2 + 4A_c^k S_m \left[(V'^k_c)^3 - (V_c^{k+1})^3 \right] \sqrt{\frac{A_c^k}{S_m}}$$
$$+ 12V_c^{k+1} V'^k_c A_c^k S_m (V_c^{k+1} - V'^k_c) \sqrt{\frac{A_c^k}{S_m}} + 4A_c^k \left[(A_c^k)^3 - (A_c^{k+1})^3 \right](V'^k_c - V_c^{k+1}) \sqrt{\frac{A_c^k}{S_m}}$$

相应的位移等式为

$$L = \frac{17}{12} \frac{(A_c^k)^2}{S_m} - \frac{13}{6} \frac{A_c^{k+1\,2}}{S_m} + \frac{19}{12} \frac{A_c^{k+1} A_n}{S_m} + 2A_c^k \sqrt{\frac{-A_n A_c^k}{S_m^2}} + 2V_c^{k+1} \sqrt{\frac{A_c^{k+1} - A_n}{S_m}}$$

$$+ 2\alpha V_c^k \left(\sqrt{\frac{-A_n}{S_m}} + \sqrt{\frac{A_c^k}{S_m}} \right) + (\alpha^2 - 1)L_c^k = L_l^k$$

对等式化简可以得到关于 A_n 的函数:

$$\alpha^2 L_c^k + 2V_c^k \left(\sqrt{\frac{-A_n}{S_m}} + \sqrt{\frac{A_c^k}{S_m}} \right)\alpha + \frac{17}{12}\frac{(A_c^k)^2}{S_m} - \frac{13}{6}\frac{(A_c^{k+1})^2}{S_m} + \frac{19}{12}\frac{A_c^{k+1} A_n}{S_m}$$

$$+ 2A_c^k \sqrt{\frac{-A_n A_c^k}{S_m^2}} + 2V_c^{k+1} \sqrt{\frac{A_c^{k+1} - A_n}{S_m}} - L_c^k - L_l^k = 0$$

从而可求出 A_n 和 α,得到最佳转接速度。这种方法对独立拐角轮廓间的短线段做进一步分析,通过计算参数 α 来精确计算拐角处的最佳转接速度,得到最佳转接速度的可行解,避免深层次的迭代计算,减少计算所消耗的时间,满足数控系统加工过程中插补算法的实时性要求。

5.3　独立拐角轮廓间插补算法的仿真实验

5.3.1　仿真分析

对拐角轮廓间直线段进给策略进行仿真,如图 5-9 和图 5-10 所示。两个加工路径总长度都为 17 mm,两个拐角转接点之间的线性段长度都为 1 mm,且前后生成的两个钝角分别为 143.13° 和 126.98°。设置驱动器的最大进给速度都为 100 mm/s,最大加速度都为 1000 mm/s²,跳度极限都为 2×10^7 mm/s⁴,允许的最大轮廓误差都为 10 μm。

经过仿真分析,由于两段路径的拐角、加工路径的总长度、拐角间的短线段长度和允许的轮廓误差都相同,因此总的加工时间都为 0.442 s,短线段的进给运动持续时间都为 0.028 s,短线段处的最大进给速度为 25.81 mm/s,第一个拐角的最佳转接速度为 19.48 mm/s,第二个拐角的最佳转接速度为 16.42 mm/s。短线段处的最大进给速度相比匀速直线运动的速度提高 32%,并且实现不间断进给运动,平滑后的进给路径达到 G³ 连续(曲率光顺)。当短线段的长度由 1 mm 延长到 2 mm 时,如图 5-11 和图 5-12 所示,短线段处的最大进给速度为 38.54 mm/s,比 1 mm 短线段长度的最大进给速度提高了 49%。短线段处进给运动的持续时间为 0.0538 s,比 1 mm 短线段长度进给运动的持续时间增加 0.0258 s。

虽然进给运动的路径增加一倍,但是短线段进给运动的持续时间并没有增加一倍,说明短线段插补算法有一定的优越性,在延长加工路径的同时尽可能地缩短进给运动的持续时间,还可以根据不同线性段长度自适应调整短线段处的最大进给速度,使算法达到时间最优的加工目标。同时,该算法没有使用传统的迭代方法寻找最佳进给速度,而是通过精确计算拐角处的转接速度,从而确定短线段处的最优进给速度,提高数控机床的计算效率。

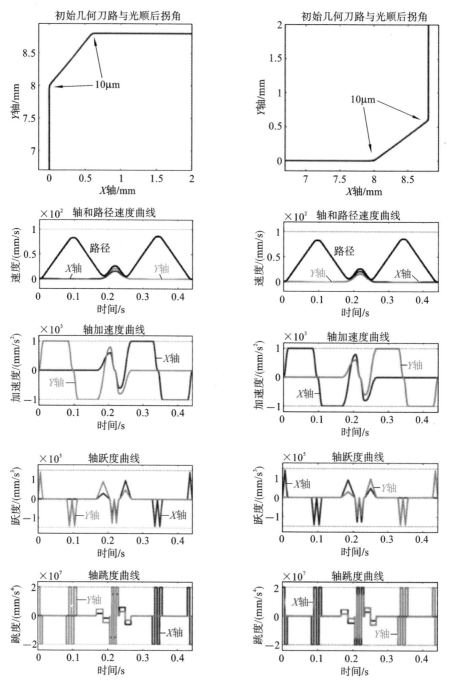

图 5-9　沿独立拐角轮廓的运动规划
（短线段为 1 mm）（一）

图 5-10　沿独立拐角轮廓的运动规划
（短线段为 1 mm）（二）

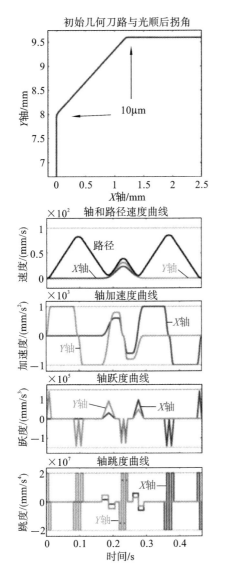

图 5-11　沿独立拐角轮廓的运动规划
（短线段为 2 mm）（一）

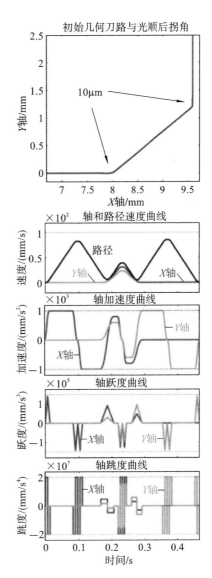

图 5-12　沿独立拐角轮廓的运动规划
（短线段为 2 mm）（二）

5.3.2　实验分析

在实验所用的笛卡儿 XY 运动系统中,平面 XY 运动由两个线性电机驱动,保证良好的位置同步和路径跟踪,伺服放大器设置为转矩（电流）控制模式,线性编码器的反馈分辨率为 $0.8\ \mu m$,伺服系统的闭环采样时间为 $0.1\ ms$,X 轴和 Y 轴的位置反馈带宽 $\omega_n = 25\ Hz$。

图 5-13 所示为螺旋形刀具路径,总长度为 51.43 mm,共有 39 个拐角,路径的螺旋线部分被离散为平均长度为 1.2 mm 的短直线。在该段路径上分别采用点对点插补算法和独立拐角轮廓间短线段插补算法。其中,点对点插补算法与 G01 代码所规定的路径完全同步,独立拐角轮廓间短线段插补算法的最大轮廓误差为 3 μm。伺服控制器对所有算法都进行实时采样和命令控制。设置驱动器的最大进给速度为 100 mm/s,最大加速度为 1000 mm/s^2,最大跳度约束为 2×10^7 mm/s^4。

图 5-14 所示为两种插补算法的拐角轮廓,由于线性段长度较短,在拐角轮廓间短线段的进给运动无法加速到指定的最大进给速度,独立拐角轮廓间短线段插补算法通过自适应调整拐角处的最大转接速度,以寻求线性段处最佳的进给速度,最大轮廓误差比指定的预定值降低 0.2~0.8 μm。图 5-15 给出了两种算法的运动曲线,点对点插补算法加工时间较长,且速度曲线存在较大波动,同时跃度和加速度曲线在大部分时间里都达到驱动器的运动学极限,驱动器负载较大。独立拐角轮廓间短线段插补算法的加工时间较短,在拐角处实现不间断进给运动,但线性段长度较短,拐角轮廓间的进给运动并未达到驱动器的运动学极限,同时其考虑驱动器的跳度值,加速度曲线达到 G^1 连续。

图 5-16 所示为两种算法测量的轮廓误差,加工时间和算法性能对比见表 5-1。独立拐角轮廓间短线段插补算法总的加工时间比点对点插补算法缩短 3.6%。最后比较两种算法的计算时间,两种算法所使用的上位机设备是 Windows7 系统、i5-2GHz 时钟芯片组的 PC,可以得出虽然点对点运动插补的计算量少,但是其计算效率低,曲率光顺的独立拐角轮廓间短线段插补算法适用于现代 NC 系统。

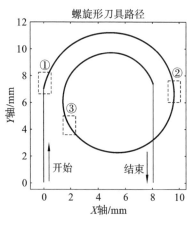

图 5-13　加工路径(一)

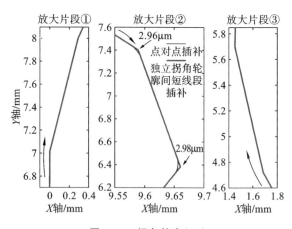

图 5-14　拐角轮廓(一)

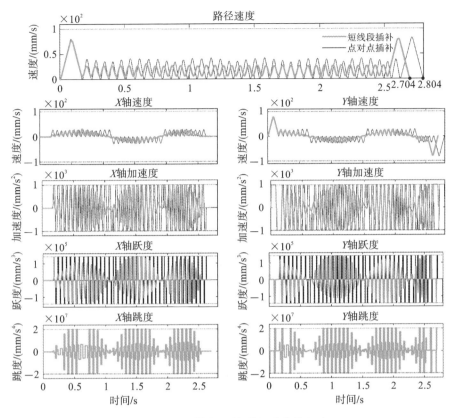

图 5-15 X 轴和 Y 轴 的 运动曲线(一)

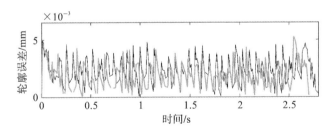

图 5-16 两种算法测量的轮廓误差(一)

表 5-1 加工时间和算法性能对比(一)

算法	加工时间/ s	轮廓误差		计算时间/ s	平均计算 效率
		均方根误差/μm	最大误差/μm		
点对点插补算法	2.804	2.43	5	0.317	0.113
独立拐角轮廓间 短线段插补算法	2.704	2.28	5.2	0.595	0.22

对图 5-17 所示的更为复杂的心形刀具路径进行实验,心形刀具路径总长度为 119 mm,两个心形路径被离散化为长 1.5 mm 的短线段,短线段相交形成的拐角共 50 个。设置驱动器的最大进给速度为 150 mm/s,最大加速度为 2000 mm/s²,最大跳度约束为 1.5×10^7 mm/s⁴,最大轮廓误差为 50 μm。在该路径上分别采用点对点插补算法和独立拐角轮廓间短线段插补算法,以测试这两种算法的性能。拐角轮廓如图 5-18 所示。

图 5-19 所示为两种算法的运动曲线,点对点插补算法的加工时间较长,并且在加速度极限增大后,其速度波动明显增加,其加速度和跃度在大部分时间里都达到驱动器运动学极限,驱动器负载较大。独立拐角轮廓间短线段插补算法获得平滑的刀具路径进行加工,在拐角处转接速度有显著的提升,速度波动减小,且其跃度和加速度在大部分时间内并没有达到驱动器运动学极限,加速度曲线达到 G¹ 连续,驱动器负载较小,加工时间相比点对点插补算法缩短 10.8%。

图 5-20 所示为两种算法测量的轮廓误差,其加工时间和算法性能对比见表 5-2。在速度和加速度极限增大后,点对点插补算法的轮廓误差明显增大,误差波动增强;独立拐角轮廓间短线段插补算法的轮廓误差没有显著变化。在计算效率方面,点对点插补算法无须考虑跳度极限,基本没有复杂的计算,所以计算时间少;独立拐角轮廓间短线段插补算法无须通过深层次的迭代算法来寻找最优进给速度,其运算效率显著提高。

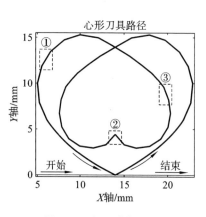

图 5-17　加工路径(二)

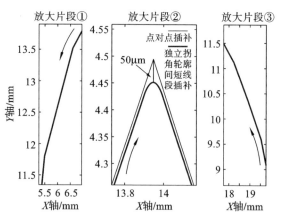

图 5-18　拐角轮廓(二)

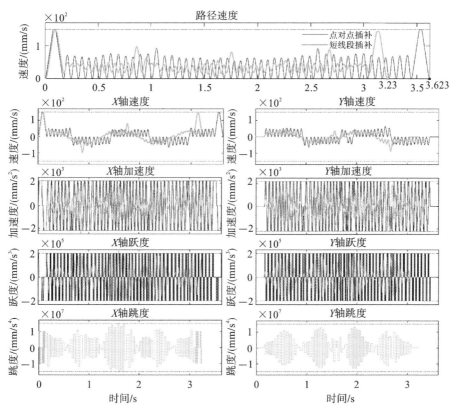

图 5-19 X 轴和 Y 轴 的运动曲线（二）

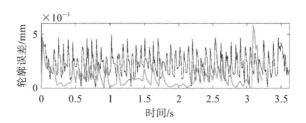

图 5-20 两种算法测量的轮廓误差（二）

表 5-2 加工时间和算法性能对比（二）

算法	加工时间/s	轮廓误差		计算时间/s	平均计算效率
		均方根误差/μm	最大误差/μm		
点对点插补算法	3.623	3.83	5	0.47	0.13
独立拐角轮廓间短线段插补算法	3.23	2.73	5.8	0.75	0.232

5.4 重叠拐角轮廓插补算法

针对加工路径中的拐角和拐角轮廓间的短线段提出的插补算法,使得数控系统在整个加工路径上可以实现不间断进给运动,获得平滑的速度和加速度转接轮廓,且插补后的加工路径达到 G^3 连续(曲率光顺),并满足数控系统插补算法实时性的要求。但在实际加工过程中还有一些特殊的加工情况,比如在粗加工过程中,设定的轮廓误差比较大,这时拐角被平滑插补后发生两个拐角轮廓重叠的情况,如图 5-21 所示。

如果插补后的拐角轮廓重叠,进给运动势必会在拐角处降低转接速度或减小该拐角的最大轮廓误差,使得重叠部分的进给运动不会超出驱动器的运动学限制,同时减轻控制系统由于重叠部分的插补造成的进给颤动。但这种做法并没有充分利用驱动器的运动性能,无法获得时间最优的进给轮廓,同时加速度曲线也会存在跳动或不可导点,影响加工质量。

目前,国内外的研究学者主要从样条曲线插补和运动学两部分来探究实现进给运动平滑转接的方法。样条曲线插补是通过探究控制点,生成平滑的转接轮廓,实现平滑的速度和加速度转接,但其还是要分两步进行,即首先用样条曲线插补前后两个重叠部分的拐角,生成多个控制点的样条曲线,然后进行速度规划,使得在样条曲线上的进给运动可以平滑转接。而通过运动学进行插补的主要思想是通过平滑两个相互重叠拐角轮廓的中点来消除两个拐角的重叠部分,实现重叠拐角轮廓部分进给运动的平滑转接。该方法主要基于跃度限制加速度曲线,虽然能实现重叠拐角轮廓部分的平滑转接,但是加速度曲线还存在严重的突变点和不可导点,在拐角轮廓的中点加速度值会产生突变,造成进给运动的惯性振动,在工件表面形成明显的进给标记。

针对这一问题,提出基于跳度限制加速度曲线的重叠拐角轮廓插补算法,通过缝合两个重叠拐角轮廓的中点实现速度和加速度的平滑转接,如图 5-22 所示。但重叠拐角轮廓的长度也是不确定的,当重叠拐角轮廓的长度比较长时,用简单的 2 段平滑插补算法可能满足不了加工路径闭包性的需求,所以针对重叠拐角轮廓较长的刀具路径提出 4 段平滑插补算法。

5.4.1 2 段平滑插补算法

针对重叠拐角轮廓开发一种缝合两个拐角轮廓中点的平滑转接算法。针对重叠拐角轮廓中重叠部分较短的加工路径提出基于 2 段跳度限制加速度曲线的平滑插补算法,通过对 2 段跳度限制加速度曲线附加拐角中点处的边界条件,从而求得 2 段平滑插补算法的各项参数,如图 5-23 所示。

前后两个拐角轮廓中点处的跃度、加速度、速度和位移值如下:

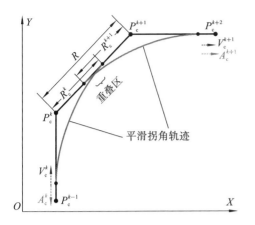

图 5-21 拐角轮廓重叠

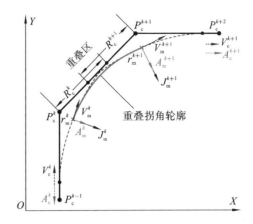

图 5-22 缝合重叠拐角轮廓

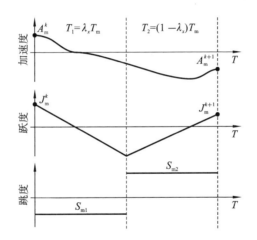

图 5-23 2 段平滑插补算法参数

$$j_{mx}^k = S_x^k T_1^k$$

$$a_{mx}^k = A_{sx}^k + \frac{1}{2} S_x^k (T_1^k)^2$$

$$v_{mx}^k = V_{sx}^k + A_{sx}^k T_1^k + \frac{1}{6} S_x^k (T_1^k)^3$$

$$r_{mx}^k = \varepsilon_x^k + x_c^k$$

$$j_{my}^k = S_y^k T_1^k$$

$$a_{my}^k = A_{sy}^k + \frac{1}{2} S_y^k (T_1^k)^2$$

$$v_{my}^k = V_{sy}^k + A_{sy}^k T_1^k + \frac{1}{6} S_y^k (T_1^k)^3$$

$$r_{my}^k = \varepsilon_y^k + y_c^k$$

其中，T_1 表示每个拐角第一阶段的持续时间。

基于跳度限制加速度曲线的 2 段平滑插补算法的公式如下：

$$s_x(\tau) = \begin{cases} -S_{x1}, & 0 \leqslant \tau < t_1 \\ S_{x2}, & t_1 \leqslant \tau < t_2 \end{cases}$$

$$j_x(\tau) = \begin{cases} J_c^k - S_{x1}\tau_1, & 0 \leqslant \tau_1 < t_1, \quad J_1 = J_c^k - S_{x1} T_1 \\ J_1 + S_{x2}\tau_2, & t_1 \leqslant \tau_2 < t_2, \quad J_2 = J_1 + S_{x2} T_2 \end{cases}$$

$$a_x(\tau) = \begin{cases} A_{sx} + J_c^k \tau_1 - \dfrac{1}{2} S_{x1} \tau_1^2, & 0 \leqslant \tau_1 < t_1, \quad A_{1x} = A_{sx} + J_c^k T_1 - \dfrac{1}{2} S_{x1} T_1^2 \\[2mm] A_{1x} + J_1 \tau_2 + \dfrac{1}{2} S_{x2} \tau_2^2, & t_1 \leqslant \tau_2 < t_2, \quad A_{ex} = A_{1x} + J_{1x} T_2 + \dfrac{1}{2} S_{x2} T_2^2 \end{cases}$$

$$v_x(\tau) = \begin{cases} V_{sx} + A_{sx} \tau_1 + \dfrac{1}{2} J_c^k \tau_1^2 - \dfrac{1}{6} S_{x1} \tau_1^3, \\[2mm] \quad 0 \leqslant \tau_1 < t_1, \quad V_{1x} = V_{sx} + A_{sx} T_1 + \dfrac{1}{2} J_c^k T_1^2 - \dfrac{1}{6} S_{x1} T_1^3 \\[2mm] V_{1x} + A_{1x} \tau_2 + \dfrac{1}{2} J_1 \tau_2^2 + \dfrac{1}{6} S_{x2} \tau_2^3, \\[2mm] \quad t_1 \leqslant \tau_2 < t_2, \quad V_{ex} = V_{1x} + A_{1x} T_2 + \dfrac{1}{2} J_1 T_2^2 + \dfrac{1}{6} S_{x2} T_2^3 \end{cases}$$

$$r_x(\tau) = \begin{cases} R_{sx} + V_{sx} \tau_1 + \dfrac{1}{2} A_{sx} \tau_1^2 + \dfrac{1}{6} J_c^k \tau_1^3 - \dfrac{1}{24} S_{x1} \tau_1^4, \\[2mm] \quad 0 \leqslant \tau_1 < t_1, \quad R_{1x} = R_{sx} + V_{sx} T_1 + \dfrac{1}{2} A_{sx} T_1^2 + \dfrac{1}{6} J_c^k T_1^3 - \dfrac{1}{24} S_{x1} T_1^4 \\[2mm] R_{1x} + V_{1x} \tau_2 + \dfrac{1}{2} A_{1x} \tau_2^2 + \dfrac{1}{6} J_1 \tau_2^3 + \dfrac{1}{24} S_{x2} \tau_2^4, \\[2mm] \quad t_1 \leqslant \tau_2 < t_2, \quad R_{ex} = R_{1x} + V_{1x} T_2 + \dfrac{1}{2} A_{1x} T_2^2 + \dfrac{1}{6} J_1 T_2^3 + \dfrac{1}{24} S_{x2} T_2^4 \end{cases}$$

其中，$T_1 = \lambda_x T_m$，为第一阶段持续时间；$T_2 = (1 - \lambda_x) T_m$，为第二阶段持续时间。对其附加拐角中点处的跃度、加速度、速度和位移边界条件，具体如下：

$$J_c^{k+1} = J_c^k - S_{x1} T_1 + S_{x2} T_2$$

$$A_c^{k+1} = A_c^k + J_c^k T_1 - \frac{1}{2} S_{x1} T_1^2 + (J_c^k - S_{x1} T_1) T_2 + \frac{1}{2} S_{x2} T_2^2$$

$$V_c^{k+1} = V_c^k + A_{sx} T_1 + \frac{1}{2} J_c^k T_1^2 - \frac{1}{6} S_{x1} T_1^3 + \left(A_{sx} + J_c^k T_1 - \frac{1}{2} S_{x1} T_1^2 \right) T_2$$

$$+ \frac{1}{2} (J_c^k - S_{x1} T_1) T_2^2 + \frac{1}{6} S_{x2} T_2^3$$

$$R_c^{k+1} = R_c^k + V_{sx} T_1 + \frac{1}{2} A_{sx} T_1^2 + \frac{1}{6} J_c^k T_1^3 - \frac{1}{24} S_{x1} T_1^4$$

$$+ \left(V_{sx} + A_{sx} T_1 + \frac{1}{2} J_c^k T_1^2 - \frac{1}{6} S_{x1} T_1^3 \right) T_2 + \frac{1}{2} \left(A_{sx} + J_c^k T_1 - \frac{1}{2} S_{x1} T_1^2 \right) T_2^2$$

$$+ \frac{1}{6} (J_c^k - S_{x1} T_1) T_2^3 + \frac{1}{24} S_{x2} T_2^4$$

设置 $\lambda_x = 0.5$，可以求得 X 轴 2 段平滑插补算法的方程组如下：

$$J_c^{k+1} = J_c^k + (S_{x2} - S_{x1}) T_1$$

$$A_c^{k+1} = A_c^k + 2 J_c^k T_1 - \frac{3}{2} S_{x1} T_1^2 + \frac{1}{2} S_{x2} T_1^2$$

$$V_c^{k+1} = V_c^k + 2 A_{sx} T_1 + 2 J_c^k T_1^2 - \frac{7}{6} S_{x1} T_1^3 + \frac{1}{6} S_{x2} T_1^3$$

$$R_c^{k+1} = R_c^k + 2V_{sx}T_1 + 2A_{sx}T_1^2 + \frac{4}{3}J_c^kT_1^3 - \frac{5}{8}S_{x1}T_1^4 + \frac{1}{24}S_{x2}T_1^4$$

求解上述方程组得 2 段平滑插补算法的各项参数如下：

$$S_{x1} = S_{x2} - \frac{J_c^{k+1} - J_c^k}{T_1}$$

$$S_{x2} = \frac{A_c^k}{T_1^2} - \frac{A_c^{k+1}}{T_1^2} + \frac{J_c^k}{2T_1} + \frac{3J_c^{k+1}}{2T_1}$$

$$S_{x1} = \frac{6V_c^k}{7T_1^3} - \frac{6V_c^{k+1}}{7T_1^3} + \frac{13A_c^k}{7T_1^2} - \frac{A_c^{k+1}}{7T_1^2} + \frac{25J_c^k}{14T_1} + \frac{3J_c^{k+1}}{14T_1}$$

$$0 = (40J_c^k - 12J_c^{k+1})T_1^3 + (148A_c^k + 8A_c^{k+1})T_1^2 + (246V_c^k + 90V_c^{k+1})T_1 + 168R_c^k - 168R_c^{k+1}$$

即可求出 X 轴的各项参数，Y 轴的各项参数可以用类似的方法求出。需要注意的是，求出的各项参数不能超出驱动器的运动学极限：

$$0 \leqslant T_m, 0 < \begin{Bmatrix} \lambda_x \\ \lambda_y \end{Bmatrix} < 1, -S_{max} \leqslant \begin{Bmatrix} S_{m1x} \\ S_{m2x} \\ S_{m3x} \\ S_{m4x} \end{Bmatrix} \leqslant S_{max}, -S_{max} \leqslant \begin{Bmatrix} S_{m1y} \\ S_{m2y} \\ S_{m3y} \\ S_{m4y} \end{Bmatrix} \leqslant S_{max}$$

若求出的值超出驱动器的运动学极限，则使用极限值反求出拐角轮廓中点处的转接速度，进而推算出该拐角平滑插补算法所允许的最大转接速度，实现对超出驱动器运动学极限部分的参数调整。2 段平滑插补算法可以实现对重叠部分长度较短的拐角轮廓的平滑转接，因为基于跳度限制加速度曲线，进给运动的加速度和速度曲线平滑转接，插补后的加工路径达到 G^3 连续（曲率光顺）。

5.4.2　4 段平滑插补算法

针对重叠拐角轮廓长度较长的加工路径，开发一种 4 段平滑插补算法。如果重叠拐角轮廓的长度较长，继续使用 2 段平滑插补算法则会使得平滑后的加工路径无法满足闭包性，也就是会超出加工路径所规划的范围，增加轮廓误差。所以必须增加平滑插补算法的阶数，使得插补后的刀具路径符合闭包性原则。4 段平滑插补算法参数如图 5-24 所示。

基于跳度限制加速度曲线的 4 段平滑插补算法的公式如下：

$$s(\tau) = \begin{cases} -S_{m1x}, & 0 \leqslant \tau < t_{m1} \\ -S_{m2x}, & t_{m1} \leqslant \tau < t_{m2} \\ S_{m3x}, & t_{m2} \leqslant \tau < t_{m3} \\ S_{m4x}, & t_{m3} \leqslant \tau < t_{m4} \end{cases}$$

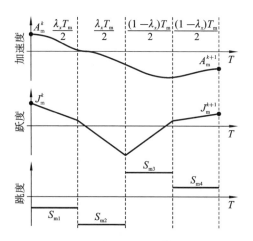

图 5-24　4 段平滑插补算法参数

$$j(\tau) = \begin{cases} J_{mx}^k - S_{m1x}\tau_1\,, & 0 \leqslant \tau_1 < t_{m1}\,, & J_1 = J_{mx}^k - S_{m1x}T_{m1} \\ J_1 - S_{m2x}\tau_2\,, & t_{m1} \leqslant \tau_2 < t_{m2}\,, & J_2 = J_1 - S_{m2x}T_{m2} \\ J_2 + S_{m3x}\tau_3\,, & t_{m2} \leqslant \tau_3 < t_{m3}\,, & J_3 = J_2 + S_{m3x}T_{m3} \\ J_3 + S_{m4x}\tau_4\,, & t_{m3} \leqslant \tau_4 < t_{m4}\,, & J_4 = J_m^{k+1} = J_3 + S_{m4x}T_{m4} \end{cases}$$

$$a(\tau) = \begin{cases} A_{mx}^k + J_{mx}^k\tau_1 - \dfrac{1}{2}S_{m1x}\tau_1^2\,, & 0 \leqslant \tau_1 < t_{m1}\,, & A_1 = A_{mx}^k + J_{mx}^k T_{m1} - \dfrac{1}{2}S_{m1x}T_{m1}^2 \\ A_1 + J_1\tau_2 - \dfrac{1}{2}S_{m2x}\tau_2^2\,, & t_{m1} \leqslant \tau_2 < t_{m2}\,, & A_2 = A_1 + J_1 T_{m2} - \dfrac{1}{2}S_{m2x}T_{m2}^2 \\ A_2 + J_2\tau_3 + \dfrac{1}{2}S_{m3x}\tau_3^2\,, & t_{m2} \leqslant \tau_3 < t_{m3}\,, & A_3 = A_2 + J_2 T_{m3} + \dfrac{1}{2}S_{m3x}T_{m3}^2 \\ A_3 + J_3\tau_4 + \dfrac{1}{2}S_{m4x}\tau_4^2\,, & t_{m3} \leqslant \tau_4 < t_{m4}\,, & A_4 = A_{mx}^{k+1} = A_3 + J_3 T_{m4} + \dfrac{1}{2}S_{m4x}T_{m4}^2 \end{cases}$$

$$v(\tau) = \begin{cases} V_{mx}^k + A_{mx}^k\tau_1 + \dfrac{1}{2}J_{mx}^k\tau_1^2 - \dfrac{1}{6}S_{m1x}\tau_1^3\,, & 0 \leqslant \tau_1 < t_{m1}\,, \\ V_1 = V_{mx}^k + A_{mx}^k T_{m1} + \dfrac{1}{2}J_{mx}^k T_{m1}^2 - \dfrac{1}{6}S_{m1x}T_{m1}^3 \\ V_1 + A_1\tau_2 + \dfrac{1}{2}J_1\tau_2^2 - \dfrac{1}{6}S_{m2x}\tau_2^3\,, & t_{m1} \leqslant \tau_2 < t_{m2}\,, \\ V_2 = V_1 + A_1 T_{m2} + \dfrac{1}{2}J_1 T_{m2}^2 - \dfrac{1}{6}S_{m2x}T_{m2}^3 \\ V_2 + A_2\tau_3 + \dfrac{1}{2}J_2\tau_3^2 + \dfrac{1}{6}S_{m3x}\tau_3^3\,, & t_{m2} \leqslant \tau_3 < t_{m3}\,, \\ V_3 = V_2 + A_2 T_{m3} + \dfrac{1}{2}J_2 T_{m3}^2 + \dfrac{1}{6}S_{m3x}T_{m3}^3 \end{cases}$$

$$\left|\begin{array}{l} V_3 + A_3\tau_4 + \dfrac{1}{2}J_3\tau_4^2 + \dfrac{1}{6}S_{m4x}\tau_4^3, \quad t_{m3} \leqslant \tau_4 < t_{m4}, \\[2mm] V_4 = V_{mx}^{k+1} = V_3 + A_3T_{m4} + \dfrac{1}{2}J_3T_{m4}^2 + \dfrac{1}{6}S_{m4x}T_{m4}^3 \end{array}\right.$$

$$r(\tau) = \left\{\begin{array}{l} R_{mx}^k + V_{mx}^k\tau_1 + \dfrac{1}{2}A_{mx}^k\tau_1^2 + \dfrac{1}{6}J_{mx}^k\tau_1^3 - \dfrac{1}{24}S_{m1x}\tau_1^4, \quad 0 \leqslant \tau_1 < t_{m1}, \\[2mm] R_1 = R_{mx}^k + V_{mx}^kT_{m1} + \dfrac{1}{2}A_{mx}^kT_{m1}^2 + \dfrac{1}{6}J_{mx}^kT_{m1}^3 - \dfrac{1}{24}S_{m1x}T_{m1}^4 \\[2mm] R_1 + V_1\tau_2 + \dfrac{1}{2}A_1\tau_2^2 + \dfrac{1}{6}J_1\tau_2^3 - \dfrac{1}{24}S_{m2x}\tau_2^4, \quad t_{m1} \leqslant \tau_2 < t_{m2}, \\[2mm] R_2 = R_1 + V_1T_{m2} + \dfrac{1}{2}A_1T_{m2}^2 + \dfrac{1}{6}J_1T_{m2}^3 - \dfrac{1}{24}S_{m2x}T_{m2}^4 \\[2mm] R_2 + V_2\tau_3 + \dfrac{1}{2}A_2\tau_3^2 + \dfrac{1}{6}J_2\tau_3^3 + \dfrac{1}{24}S_{m3x}\tau_3^4, \quad t_{m2} \leqslant \tau_3 < t_{m3}, \\[2mm] R_3 = R_2 + V_2T_{m3} + \dfrac{1}{2}A_2T_{m3}^2 + \dfrac{1}{6}J_2T_{m3}^3 + \dfrac{1}{24}S_{m3x}T_{m3}^4 \\[2mm] R_3 + V_3\tau_4 + \dfrac{1}{2}A_3\tau_4^2 + \dfrac{1}{6}J_3\tau_4^3 + \dfrac{1}{24}S_{m4x}\tau_4^4, \quad t_{m3} \leqslant \tau_4 < t_{m4}, \\[2mm] R_4 = R_{mx}^{k+1} = R_3 + V_3T_{m4} + \dfrac{1}{2}A_3T_{m4}^2 + \dfrac{1}{6}J_3T_{m4}^3 + \dfrac{1}{24}S_{m4x}T_{m4}^4 \end{array}\right.$$

拐角轮廓中点处的跃度、加速度、速度和位移值如前文所述,将其作为边界条件附加到 4 段平滑过渡算法的公式中。

$$J_{mx}^{k+1} = J_{mx}^k - (S_{m1x} + S_{m2x})\dfrac{\lambda T_m}{2} + (S_{m3x} + S_{m4x})\dfrac{(1-\lambda)T_m}{2}$$

$$A_{mx}^{k+1} = A_{mx}^k + J_{mx}^kT_m - \lambda(1-\lambda)(S_{m1x} + S_{m2x})\dfrac{T_m^2}{2}$$
$$+ (3S_{m3x} + S_{m4x})\dfrac{(1-\lambda)^2T_m^2}{8} - (3S_{m1x} + S_{m2x})\dfrac{\lambda^2T_m^2}{8}$$

$$V_{mx}^{k+1} = V_{mx}^k + A_{mx}^kT_m + J_{mx}^k\dfrac{T_m^2}{2} - (7S_{m1x} + S_{m2x})\lambda^3\dfrac{T_m^3}{48}$$
$$+ (7S_{m3x} + S_{m4x})(1-\lambda)^3\dfrac{T_m^3}{48} - [\lambda(3S_{m1x} + S_{m2x})$$
$$+ (1-\lambda)(2S_{m1x} + 2S_{m2x})]\lambda(1-\lambda)\dfrac{T_m^3}{8}$$

$$R_{mx}^{k+1} = R_{mx}^k + V_{mx}^kT_m + \dfrac{A_{mx}^kT_m^2}{2} + \dfrac{J_{mx}^kT_m^3}{6} - (15S_{m1x} + S_{m2x})\dfrac{\lambda^4T_m^4}{384}$$
$$+ (15S_{m3x} + S_{m4x})(1-\lambda)^4\dfrac{T_m^4}{384} - (7S_{m1x} + S_{m2x})\lambda^3(1-\lambda_x)\dfrac{T_m^4}{48}$$
$$- (3S_{m1x} + S_{m2x})\lambda^2(1-\lambda)^2\dfrac{T_m^4}{16} - (S_{m1x} + S_{m2x})(1-\lambda)^3\lambda\dfrac{T_m^4}{12}$$

其中，T_m 是总的运动持续时间，$S_{m1} \sim S_{m4}$ 为每个阶段的跳度幅度。X 轴、Y 轴的边界条件共有 11 个未知量，即 $S_{m1x} \sim S_{m4x}$，$S_{m1y} \sim S_{m4y}$，λ_x，λ_y，T_m，但却只有 8 个方程，这就需要增加边界条件。首先设 $\lambda_x = 0.5$，$S_{m2y} = -S_{m3y}$，则通过 X 轴的 4 个约束可以求出 $S_{m1x} \sim S_{m4x}$ 和 T_m。利用 T_m 且使用相同的方法可以将 Y 轴的相关未知量求出。

$$\begin{cases} \dfrac{4J_{mx}^{k+1} - 4J_{mx}^{k}}{T_m} = S_{m4x} \\ 57S_{m1x} + 23S_{m2x} = \left[2R_{mx}^{k+1} - 2R_{mx}^{k} + (7J_{mx}^{k+1} + 121J_{mx}^{k})\dfrac{T_m^3}{768} - V_{mx}^{k}T_m - V_{mx}^{k+1}T_m \right]\dfrac{1536}{T_m^4} \\ 3S_{m1x} + S_{m2x} = \dfrac{2J_{mx}^{k+1} + 14J_{mx}^{k}}{T_m} \\ \left(\dfrac{5J_{mx}^{k}}{96} - \dfrac{5J_{mx}^{k+1}}{96} \right)T_m^2 + \left(\dfrac{A_{mx}^{k+1}}{2} + \dfrac{A_{mx}^{k}}{2} \right)T_m + V_{mx}^{k} - V_{mx}^{k+1} = 0 \end{cases}$$

注意规划可行的进给运动，需要满足驱动器的运动学极限：

$$0 \leqslant T_m, 0 < \begin{Bmatrix} \lambda_x \\ \lambda_y \end{Bmatrix} < 1, -S_{max} \leqslant \begin{Bmatrix} S_{m1x} \\ S_{m2x} \\ S_{m3x} \\ S_{m4x} \end{Bmatrix} \leqslant S_{max}, -S_{max} \leqslant \begin{Bmatrix} S_{m1y} \\ S_{m2y} \\ S_{m3y} \\ S_{m4y} \end{Bmatrix} \leqslant S_{max}$$

若求出的值超出驱动器的运动学极限，则使用极限值反求出拐角轮廓中点处的转接速度，进而推算出该拐角平滑算法所允许的最大转接速度，实现对超出驱动器运动学极限部分参数的调整。上述等式就是 4 段平滑插补算法，该算法可以缝合两个较长重叠拐角轮廓的中点，实现速度和加速度的平滑转接，获得曲率光顺的加工路径。

5.4.3　仿真实验

1. 仿真分析

对重叠拐角轮廓插补算法进行仿真，如图 5-25 和图 5-26 所示，对比 2 段平滑插补算法和 4 段平滑插补算法的性能。实验中，两加工路径均有两个拐角，且两个拐角都分别为 143.13° 和 126.98°，但两个拐角间的距离不同，图 5-25 中拐角间的距离为 1 mm，图 5-26 中拐角间的距离为 1.5 mm，这样 2 段平滑插补算法的加工路径总长度为 17 mm，4 段平滑插补算法的加工路径总长度为 17.5 mm。设置驱动器的最大进给速度都为 100 mm/s，最大加速度都为 1000 mm/s²，跳度极限都为 2×10^7 mm/s⁴，允许的最大轮廓误差都为 100 μm。

经过仿真分析，2 段平滑插补算法的加工时间为 0.418 s，4 段平滑插补算法的加工时间为 0.439 s。2 段平滑插补算法缝合两个拐角轮廓中点的持续时间为 0.054 s，4 段平滑插补算法缝合两个拐角轮廓中点的持续时间为 0.076 s。2 段平滑插补算法在缝合的过程中进给运动的最大进给速度为 23.21 mm/s，4 段平滑插补算法在缝合的过程中进给运动的最大进给速度为 23.97 mm/s。

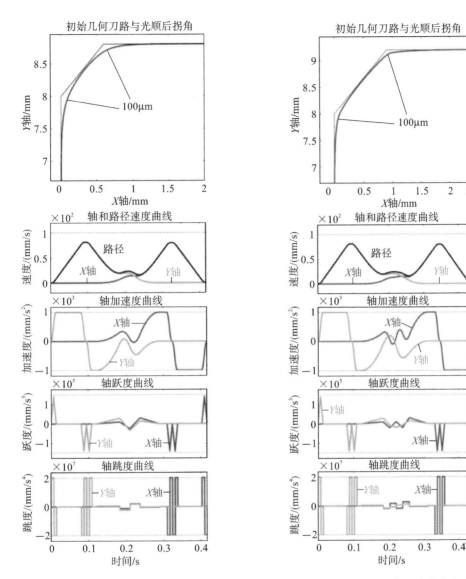

图 5-25 2 段平滑插补算法的仿真实验结果　　**图 5-26 4 段平滑插补算法的仿真实验结果**

研究发现虽然拐角间短线段的长度延长,但是平滑插补算法所规划的进给速度并没有减小,反而在运动过程中最大进给速度有所提高,说明重叠拐角轮廓平滑算法可以尽可能保证进给运动过程中驱动器运动性能的最大化。当拐角间线性段长度变长后,使用 4 段平滑插补算法可以最大限度地保证驱动器的运动性能,获得时间最优的进给运动。这说明重叠拐角轮廓平滑插补算法有一定的优越性,在延长加工路径的同时可以尽可能地缩短进给运动的持续时间,提高数控机床的加工效率。

2. 实验分析

实验所用的笛卡儿 XY 运动系统中,平面 XY 运动由两个线性电动机驱动,为保持良好的位置同步和路径跟踪,伺服放大器设置为转矩(电流)控制模式,线性编码器的反馈分辨率为 0.8 μm,伺服系统的闭环采样时间为 0.1 ms,X、Y 轴的位置反馈带宽 $\omega_n = 25$ Hz。

　　如图 5-27 所示的螺旋形刀具路径,总长度为 51.43 mm,共有 39 个拐角,路径的螺旋线部分被离散为平均长度为 1.2 mm 的短直线。在该段路径上分别采用点对点插补算法和重叠拐角轮廓插补算法。其中,点对点插补算法要求在每个拐角点处完全停止,完全与 G01 代码所规定的路径同步;重叠拐角轮廓插补算法的最大轮廓误差为 40 μm。伺服控制器对这两种算法进行实时采样和命令控制。设置驱动器的最大进给速度为 100 mm/s,最大加速度为 1000 mm/s²,最大跳度约束为 2×10^7 mm/s⁴。图 5-28 所示为两种插补算法的拐角轮廓。图 5-29 给出了这两种算法

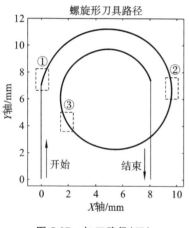

图 5-27　加工路径(三)　　　　　　图 5-28　拐角轮廓(三)

的运动曲线,点对点插补算法的加工时间较长,其需要在每一个拐角处完全停止,速度曲线存在较大的波动,同时跃度和加速度曲线在大部分时间里都达到驱动器的运动学极限,驱动器负载较大。重叠拐角轮廓插补算法的加工时间较短,速度曲线波动较小,趋于平稳,并一直以较大的速度进给,由于其速度波动小,故所需要的加速度和跳度值也相对较小,加速度曲线达到 G^1 连续。图 5-30 所示为这两种算法测量的轮廓误差,两种算法的较大轮廓误差基本都发生在路径拐角处,其加工时间和算法性能对比见表 5-3。重叠拐角轮廓插补算法总的加工时间比点对点插补算法的缩短 26.2%,同时两种算法的轮廓误差性能基本相同。最后比较两种算法的计算时间,两种算法所使用的是 Windows7 系统、i5-2GHz 时钟芯片组的 PC,可以看出虽然点对点插补算法的计算量较少,但是其计算效率比较低,重叠拐角轮廓插补算法具有较高的计算效率,更适用于现代 NC 系统。

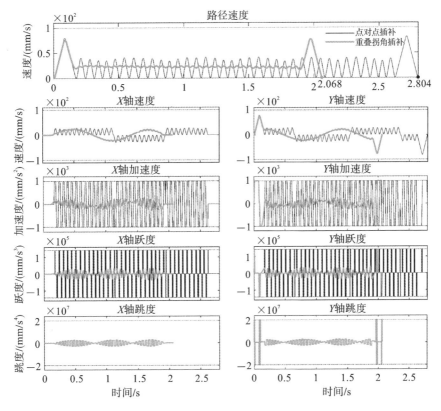

图 5-29 X 轴和 Y 轴的运动曲线(三)

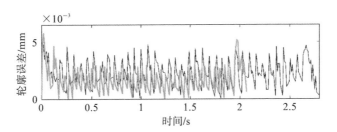

图 5-30 两种算法测量的轮廓误差(三)

表 5-3 加工时间和算法性能对比(三)

算法	加工时间/	轮廓误差		计算时间/	平均计算
	s	均方根误差/μm	最大误差/μm	s	效率
点对点插补算法	2.804	2.43	5	0.317	0.113
重叠拐角轮廓插补算法	2.068	2.02	5.7	0.54	0.261

最后,对图 5-31 所示的更为复杂的心形刀具路径进行实验分析,心形刀具路径总长度为 119 mm,两个心形被离散化为平均长度为 1.5 mm 的短线段,短线段相交形成的拐角共 50 个。设置驱动器的最大进给速度为 150 mm/s,最大加速度为 2000 mm/s²,最大跳度约束为 1.5×10^7 mm/s⁴,最大轮廓误差为 50 μm。与点对点插补算法进行对比,以测试重叠拐角轮廓插补算法的性能。图 5-32 所示为两种算法的拐角轮廓。图 5-33 所示为两种算法的运动曲线。点对点插补算法耗费较长的加

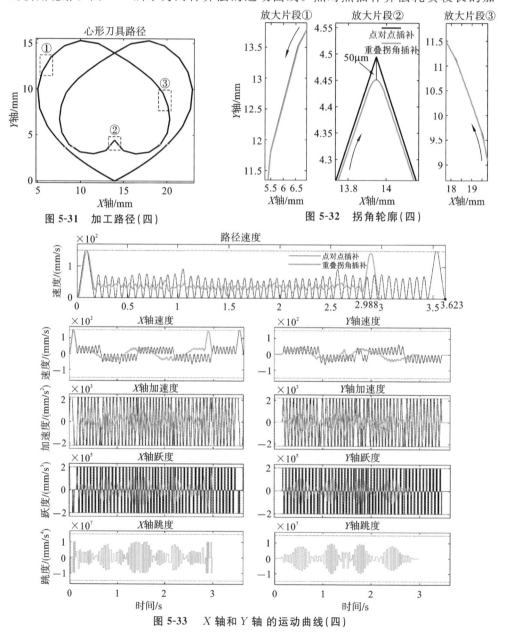

图 5-31　加工路径(四)

图 5-32　拐角轮廓(四)

图 5-33　X 轴和 Y 轴的运动曲线(四)

工时间,并且在加速度极限增大后,其速度波动明显,且其加速度和跃度在大部分时间里都达到驱动器的运动学极限,驱动器负载较大。重叠拐角轮廓插补算法获得较少的加工时间,比点对点插补算法缩短近18%,且其充分利用驱动器的运动性能,速度波动趋于平稳,加速度和跃度值在比较小的范围内波动,加速度曲线达到G^1连续。图5-34所示为这两种算法测量的轮廓误差,其加工时间和算法性能对比见表5-4。在速度和加速度极限增大后,点对点插补算法的轮廓误差明显增大,误差波动增强;重叠拐角轮廓插补算法的误差较小。在计算效率方面,点对点插补算法无须考虑跳度极限且没有复杂的计算,所以计算时间少,但是其计算效率较低;重叠拐角轮廓插补算法虽然计算时间较长,但其运算效率比点对点插补算法提高近60%。

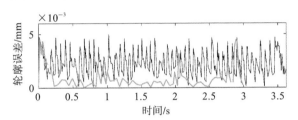

图5-34　两种算法测量的轮廓误差(四)

表5-4　加工时间和算法性能对比(四)

算法	加工时间/s	轮廓误差		计算时间/s	平均计算效率
		均方根误差/μm	最大误差/μm		
点对点插补算法	3.623	3.83	5	0.47	0.13
重叠拐角轮廓插补算法	2.988	2.36	4.5	0.62	0.207

本章参考文献

[1]　武跃.五轴联动数控加工后置处理研究[D].上海:上海交通大学,2009.

[2]　TAJIMA S,SENCER B. Global tool-path smoothing for CNC machine tools with uninterrupted acceleration[J]. International Journal of Machine Tools and Manufacture,2017,121:81-95.

[3]　肖钊,杨旭静,王伏林.曲面数控加工中面向NURBS刀具路径生成的刀位点分段算法[J].计算机辅助设计与图形学学报,2011,23(9):1561-1566.

[4]　罗福源,游有鹏,尹涓.NURBS曲线S形加减速双向寻优插补算法研究[J].机械工程学报,2012,48(5):147-156.

[5]　FAN W,LEE C H,CHEN J H. A realtime curvature-smooth interpolation scheme and motion planning for CNC machining of short line segments[J].

International Journal of Machine Tools and Manufacture,2015,96:27-46.

[6] ERKORKMAZ K,ALTINTAS Y. Quintic spline interpolation with minimal feed fluctuation[J]. Journal of Manufacturing Science and Engineering, Transactions of the ASME,2005,127(2):339-349.

[7] TIMAR S D,FAROUKI R T,SMITH T S,et al. Algorithms for time-optimal control of CNC machines along curved tool paths[J]. Robotics and Computer-Integrated Manufacturing,2005,21(1):37-53.

[8] 冯景春,李宇昊,王宇晗,等. 面向刀尖点速度平滑的五轴联动插补算法[J]. 上海交通大学学报,2009(12):1973-1977.

[9] TSAI M S,NIEN H W,YAU H T. Development of a real-time look-ahead interpolation methodology with spline-fitting technique for high-speed machining[J]. International Journal of Advanced Manufacturing Technology, 2010,47(5):621-638.

[10] TAJIMA S,SENCER B. Kinematic corner smoothing for high speed machine tools[J]. International Journal of Machine Tools and Manufacture,2016, 108:27-43.

[11] ERNESTO C A,FAROUKI R T. High-speed cornering by CNC machines under prescribed bounds on axis accelerations and toolpath contour error[J]. International Journal of Advanced Manufacturing Technology,2012,58(1): 327-338.

[12] 李浩,吴文江,韩文业,等. 基于自适应前瞻和预测校正的实时柔性加减速控制算法[J]. 中国机械工程,2019,30(6):690-699.

6 薄壁零件加工变形规律有限元分析

随着有限元技术的发展,采用有限元方法对薄壁零件的加工变形进行仿真预测成为重要的手段之一。建立薄壁零件的有限元模型对零件的变形规律进行仿真分析,通过实验测量工件变形量,验证仿真规律的准确性,从而为变形控制工艺方案的优化和变形补偿方法的研究提供理论基础。有限元法是一种非常有效的数值分析方法,特别是对连续体的分析,应用非常广泛。近年来,随着计算机技术的飞速发展,有限元分析技术也随之飞速发展,其应用领域也从结构分析和线性分析扩展到了物理场分析及非线性分析。有限元方法成为在工程或者物理问题的数学模型确定以后对其进行数值分析的主要计算方法。

ANSYS 有限元分析软件是一款融结构、热、流体、电磁、声学等多种分析于一体的大型通用有限元分析软件,已被广泛应用于航空航天、机械制造、汽车交通、土木工程等各个领域。

6.1 零件建模及仿真

6.1.1 零件特性介绍

薄壁零件主要分为梁类零件、壁板类零件、框体类零件、筋板类零件等。每类薄壁零件根据自身的结构特性和材料特性,有着不同的加工工艺方法和特殊用途。所以每种零件必须根据自身不同的结构特点和材料特性提出适合自身的加工工艺和方法。

大型薄壁筒状零件贮箱的三维实体模型如图 6-1(a)所示,该零件加工完成后的剖面视图如图 6-1(b)所示。工件在毛坯状态下的几何参数如下:壁厚为 15 mm,外圆直径为 3350 mm,零件的高度为 2000 mm,材料为航空用铝合金 2219,零件内部结构完全对称,加工完成后网格均匀分布,加工精度为 2.8 mm±0.1 mm。

由零件的外形几何参数可知,零件外径与壁厚之比远远大于 20(相关文献中定义长度方向的尺寸和薄壁厚度方向的尺寸之比大于 20 时为薄壁零件),属于薄壁类零件。贮箱薄壁零件的制造材料为 Al-Cu-Mg 系中典型的硬铝合金,它的组成成分比较合理,综合性能比较好,其主要特点是高强度、耐热性好,特别是在低温力学性能、高温力学性能及抗腐蚀性方面有很明显的优势,这些优良的特点使其非常适合应用于航空航天领域。铝合金 2219 具体的力学性能参数和物理性能参数见表 6-1 和表 6-2。

(a)贮箱三维实体模型

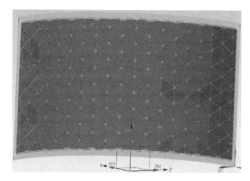

(b)零件剖面视图

图 6-1　大型薄壁筒状零件贮箱

表 6-1　铝合金 2219 的力学性能参数

弹性模量/ GPa	泊松比	剪切模量/ GPa	屈服强度/ MPa	抗拉强度/ MPa	伸长率/ (%)
73.8	0.33	27.5	290	414	10

表 6-2　铝合金 2219 的物理性能参数

密度/(g/cm³)	比热容/[J/(kg·K)]	热传导率/[W/(m·K)]	线膨胀系数/(×10⁻⁶℃)
2.84	864	130	22.5

　　贮箱薄壁零件的加工借鉴了飞机蒙皮的镜像铣削技术,采用局部支撑的加工方式,进行整体铣削加工。由于薄壁类零件的腹板非常薄,刚度相对较低,并且在切削材料的过程中由于工件的壁厚越来越小,造成其刚度越来越低。在整体铣削加工过程中工件非常容易产生变形,造成零件的局部壁厚过薄或者过厚,使得工件的结构刚性不好或者减重效果不好,无法满足理论设计精度要求,甚至会造成零件整体报废,因此此类零件的加工技术无论是在精度控制方面还是在加工效率方面,一直都是国内外加工技术的难题。为此,需要对加工过程中零件的整体变形规律进行分析预测,以便在加工过程中采取相应的工艺措施实现对变形的控制,使得工件的加工精度满足理论设计精度要求。

6.1.2　模型网格划分及约束力施加

　　根据铣削力的模型可得零件在加工过程中所受铣削力的理论值,再通过有限元仿真分析得出零件在加工过程中的变形规律。在薄壁零件的铣削加工有限元分析过程中,三维有限元分析模型的建立是非常重要的,因为在分析过程中并不是真实的加工工件,而只是理想化的模型。因此,在建立模型的同时要能够真实地反映实际加工过程。

　　三维铣削过程比较复杂,首先需要对其模型进行简化以方便后续的模拟分析。例如,刀具产生的铣削力可简化为力的大小固定的载荷,均匀施加在切削接触区域的刀具接触点上,假设工件产生的变形为弹性变形,且除工件变形外,其他影响因素均忽略不计,如刀具、工装系统、机床变形等。在对工件进行加工变形仿真分析时作以下几点假设:(1)假设零件在加工过程中的变形只在刀具轴向方向产生;(2)假设机床、刀具均为刚性体,即其在加工过程中不会产生变形;(3)假设零件变形只受刀具产生的铣削力的大小的影响。

　　工件在毛坯状态下壁厚为 15 mm,加工完成后的厚度仅为 2.8 mm。为了方便建立薄壁零件的三维模型和进行有限元分析,在建模过程中将零件简化为壁厚为 5 mm 筒状零件,其他几何尺寸不变。因为有限元软件的优势在于分析,且它与其他大型三维建模软件之间具有很好的兼容性,所以在对零件进行三维建模时通常利用通用三维软件,然后导入有限元软件中进行仿真分析。

　　具体步骤如下:

　　(1)建立几何模型　选择用 SolidWorks 三维绘图软件建立零件简化模型,然后将模型保存为 .x_t 格式,再导入 ANSYS 有限元分析软件中进行后续的仿真分析处理。选择结构类型为 Structural 型,选择单元类型为 Solid 8 node 型。定义材料属性:弹性模量为 73.8 GPa,泊松比为 0.33。

　　(2)划分网格　使用菜单栏中的 Mesh Tool 命令进行工件模型网格自动划分。

　　(3)添加约束　在实际加工过程中由工装对工件上下两端进行固定约束夹紧,因此在分析时对模型的上下两端施加固定约束力。

　　(4)加载　由于加工的变形误差主要受到径向变形的影响,因此实际的仿真分析是在其径向方向的节点上施加均匀分布的载荷。

　　(5)计算　利用菜单栏中的 Solution>Solve>Current LS 命令对添加好约束和载荷的工件模型进行分析计算。

6.1.3　结果与分析

　　在零件的加工变形应力分析过程中,施加约束和载荷后,零件产生一定程度的变形。由于工件在加工中的变形主要发生在 Z 轴方向,而在 X 轴和 Y 轴方向的变形较小,因此在仿真过程中假设工件变形只在 Z 轴方向上发生,而在 X 轴方向和 Y 轴方向上工件的变形量均为零。对工件的有限元模型进行整体的变形仿真,通过仿真分析得出零件的变形云图。

　　由仿真结果可以看出,在沿外圆柱母线方向均匀分布的载荷作用下,零件在距离工装较远的中间位置变形量最大,在距离工装较近的上下端变形量较小,工件的整体变形规律呈抛物线形状,说明工件在中间位置刚性最差,而在距离上下工装较近的位置刚性较好。

　　为了验证上述零件变形规律的正确性,针对贮箱薄壁筒状零件设计了铣削加工实验。实验过程中,在零件内部选择沿圆柱工件母线方向的下陷区域进行铣削加工,采用激光位移传感器对零件实时的变形量进行测量。实验的切削参数见表 6-3。

表 6-3　实验切削参数表

PCD 铣刀直径/mm	机床主轴转速/(r/min)	进给速度/(mm/min)
20	8000	4000

记录激光位移传感器测量的实时实验数据,运用 MATLAB 软件得到工件整体变形规律,如图 6-2 所示。

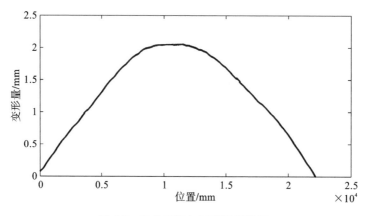

图 6-2　工件实际加工变形规律图

由图 6-2 可见,实验数据得到的工件整体变形规律与上述仿真分析结果基本吻合,证明利用有限元方法分析零件变形规律的正确性,为工艺方案的优化提供了理论基础。

6.2　薄壁零件加工变形控制

变形误差的控制主要有两种方法:一种是通过优化和改进加工过程中的工艺措施实现对工件变形误差的控制;另一种是在加工过程中,先对工件的变形误差进行预测或者测量,然后对误差进行补偿实现变形误差的控制。

根据薄壁零件自身的特征及加工特性,分别从以上两个方面对工件的加工变形控制进行分析。在工艺控制变形方面,贮箱薄壁零件在整体镜像铣削加工下产生的变形量主要受到两个因素的影响:一是在铣削加工过程中刀具产生的轴向分力的影响;二是零件在加工状态下的自身刚度分布情况的影响。因此提出优化进给速度减小切削力和控制切削力稳定性、优化加工顺序、施加局部预变形增加零件刚度等方面来减小工件变形,实现对工件加工精度的控制。

在变形精度控制补偿方面,实施工艺控制变形方案后,零件的加工精度局部还不能够达到要求,因此在工艺优化控制变形的基础上提出基于激光实时测量的局部优化补偿方法,利用激光位移传感器对工件加工过程中的实时变形量进行测量,对超出公差要求的变形量进行优化补偿;同时为了实现更精确的变形优化补偿,根据零件整体刚度的分布情况对零件进行整体区域划分,确定各区域的优化补偿耦合系数。

工艺控制变形方法主要包括以下几个方面:工件结构改进、工件装夹方案的优化、切削参数的优化、刀位轨迹的修正。上述方法都可以在一定程度上减小工件的加工变形,除此之外,对于大型薄壁零件的加工变形控制,针对工件自身的结构特点需要有适合自身的加工工艺方法。本节提出分别从优化机床进给速度、优化加工顺序、在加工区域施加预变形力等工艺方面来控制零件加工过程中产生的变形,实现对工件加工精度的控制。

6.2.1 进给速度优化

根据铣削力模型,可得铣削力主要受到刀具有效切削弧长 C 和机床进给速度 V_f 的影响。在工件的螺旋铣削加工过程中,刀具处于加工状态下的有效切削弧长会因刀具切削位置的不同而产生变化,当有效切削弧长增大时,会使切削力增大,从而造成工件的变形量增加。为了实现对零件加工变形的控制,首先对刀具走刀路径上不同位置的不同切削状态进行分析,然后根据其切削状态来对进给速度 V_f 值进行优化,使得切削力保持在一个稳定的范围内,以实现对薄壁零件加工变形的控制。

选择的刀具走刀路径为螺旋铣削走刀路径,该铣削走刀路径的规划是利用二维稳态下的温度平衡方程,导出偏微分方程来实现的。此算法利用了偏微分方程解的二阶连续性,在转角处实现了曲率的平滑过渡。普通的走刀路径在转角处因进给速度方向的改变,需要机床在此处将进给速度减小到零后再增加到正常进给速度,图 6-3(a)所示为传统铣削走刀路径,机床在此过程中需频繁地加减速,不但影响整体的加工效率,而且造成切削力不稳定。图 6-3(b)所示为改进后的螺旋走刀路径,在转角处平滑过渡,避免了转角处因进给速度方向改变而造成的机床频繁加减速和切削力的不稳定。

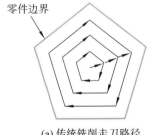

(a) 传统铣削走刀路径

(b) 改进后的铣削走刀路径(螺旋走刀路径)

图 6-3 铣削走刀路径规划

　　但是,刀具在拐角处切削加工时,切削刃仍会有超过 1/2 部分处于加工状态,造成切削力的增加。为实现整个走刀路径上对切削力的控制,现对刀具的切削状态进行分析,将整个螺旋铣削走刀路径分为以下两种情况:①正常螺旋铣削,如图 6-4(a)所示,此过程中刀具的切削深度和切削宽度基本保持不变,因此有效切削弧长不变,切削力基本恒定;②拐角处切削,如图 6-4(b)所示,此过程中刀具在拐角处,刀具参与加工的有效切削刃长度增加,造成切削力随之增加。

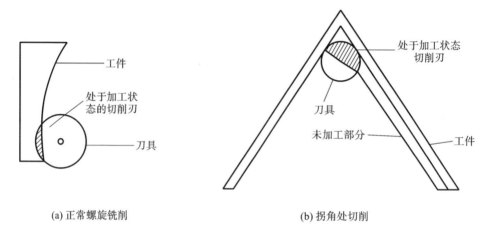

(a) 正常螺旋铣削　　　　　　　　　　　(b) 拐角处切削

图 6-4　整个螺旋铣削走刀路径

　　根据上文对有效切削弧长 C 值变化情况的分析可知,刀具在切削过程中的加工状态主要分为上述两种情况。为控制切削力而减小加工过程中薄壁零件的变形量,需使刀具产生较小的轴向铣削力,且在整个加工过程中轴向铣削力需基本保持不变。

　　影响轴向铣削力的主要因素是机床的进给速度 V_f 和刀具有效切削弧长 C。在走刀过程中,刀具在不同位置参与切削的有效弧长不同,为控制轴向铣削力,需要对进给速度进行优化,使得刀具轴向铣削力保持在一个稳定的范围内。

　　进给速度的优化过程主要是根据刀具有效切削弧长的变化,优化机床的进给速度。在螺旋铣削加工走刀过程中有效切削弧长的变化主要分为以下两种情况:①正常铣削过程中,有效切削弧长 C 基本保持不变,机床的进给速度 V_f 也基本保持不变;②拐角处切削加工过程中,虽然单齿切削弧长没有改变,但整个刀具参与切削的有效弧长增加,在此过程中有效切削弧长 C 值先增大后减小,相应地,V_f 值应先减小后增加。如图 6-5 所示,A 状态为正常切削下的切削弧长状态,B 状态为拐角处切削加工时的切削弧长状态。O_1 为加工前弧长轨迹的圆心,O_2 为刀具加工时弧长轨迹的圆心。

　　从 A 状态到 B 状态刀具加工轨迹为直线,但是加工前的轨迹为圆弧,则加工前的弧长轨迹表示为

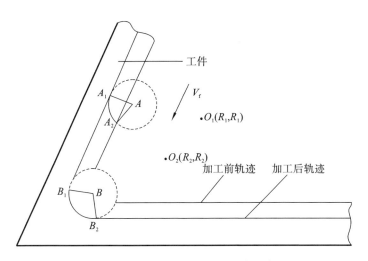

图 6-5 铣削过程中切削弧长改变示意图

$$(x - R_1)^2 + (y - R_1)^2 = R_1^2$$

刀具圆弧轨迹表示为

$$(x - x_B)^2 + (y - y_B)^2 = R_2^2$$

其中，x_B、y_B 为 B 状态的刀具圆心坐标，可由机床加工数控程序获得 B_1 和 B_2 的坐标值，由此可以得到弦长 $B_1 B_2$ 为

$$B_1 B_2 = \sqrt{(x_{B_1} - x_{B_2})^2 + (y_{B_1} - y_{B_2})^2}$$

弧长为

$$L_i = 2R_i \sin^{-1}\left[\frac{\sqrt{(x_{B_1} - x_{B_2})^2 + (y_{B_1} - y_{B_2})^2}}{2R_i}\right]$$

进一步可得每个切削状态下的 V_f 值，由此可得整个加工过程中刀具在不同切削状态下的不同 V_f 值，实现对进给速度 V_f 值的优化，使得铣削力保持在一个稳定的范围内。

实验刀具采用直径 $\phi = 20$ mm 的 PCD 刀具，切削深度 $a_d = 4$ mm，切宽比为 0.5，初始进给速度为 450 mm/min，机床主轴转速为 8000 r/min，对铝合金 2219 材料工件进行铣削加工。实验中主要针对刀具从 A 状态到 B 状态过程中的进给速度 V_f 值进行优化，使得在整个切削过程中铣削力保持为一个稳定的最优值。

刀具从 A 状态到 B 状态过程中，参与切削的有效弧长逐渐增加。为得到最优的进给速度，根据切削弧长与进给速度之间的关系及切削过程中有效切削弧长的变化规律，对过程中每个工位机床的进给速度值进行优化，最终得到最优进给速度组合。具体优化过程如表 6-4 所示。

表 6-4　刀具切削参数优化

铣刀中心坐标 (x,y)/mm	进给速度/ (mm/min)	切削弧长/mm	铣削力/kN	主轴转速/(r/min)
(7.0,13.0)	550	10.13	0.55	8500
(7.0,14.0)	550	10.13	0.55	8500
(7.0,15.0)	550	10.13	0.55	8500
(7.0,16.0)	550	10.13	0.55	8500
(7.0,17.0)	526.5	10.13	0.55	8500
(7.0,18.0)	517.4	10.13	0.55	8500
(7.0,19.0)	450.6	10.13	0.55	8500
(7.2,20.0)	402.8	13.64	0.55	8500
(7.4,21.0)	364.2	15.1	0.55	8500
(7.8,22.0)	350.5	15.68	0.55	8500
(8.2,21.0)	390.9	14.17	0.55	8500
(8.6,20.0)	446.1	12.32	0.55	8500
(9.0,19.0)	490.5	11.26	0.55	8500
(9.5,18.0)	531.6	10.35	0.55	8500
(9.9,17.0)	549.7	10.05	0.55	8500

　　为验证上述优化方法的有效性,采用激光位移传感器对薄壁零件的实时变形量进行测量,并运用 MATLAB 软件对测量值进行处理,分别得到没有采用进给速度优化后的零件变形量[图 6-6(a)]和采用进给速度优化后的零件变形量[图 6-6(b)],通过对比两图中相同位置工件的变形量可以发现,没有采取优化措施的工件在加工中存在较大的变形,而采取了进给速度优化措施的工件在加工过程中变形量比较小并且整体变形幅度比较小。

　　由实验结果可以得出,采用进给速度优化后零件的变形量明显变小,在整个切削过程中铣削力可以保持在一个稳定的范围内,特别是在拐角处铣削力明显减小,可见采用进给速度优化方法对控制拐角处的铣削力和零件变形量有明显的效果。

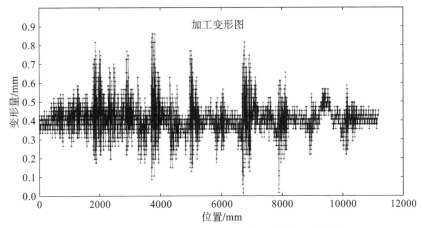

(a) 没有采用进给速度优化时的薄壁零件实时变形量

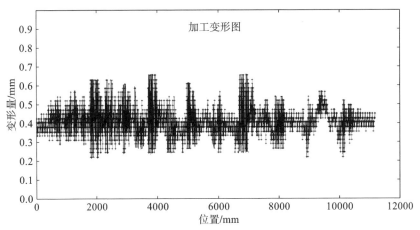

(b) 采用进给速度优化后的薄壁零件实时变形量

图 6-6 薄壁零件实时变形量

图 6-7 零件加工完成后网格状态分布图

6.2.2　加工顺序优化选择

在薄壁零件整个铣削加工过程中,材料的去除量非常大,约占到整个毛坯件的80％,并且加工所需时间很长,因此零件加工顺序的选择对整个工件加工效率和加工精度的影响非常大。图 6-7 所示为零件加工完成后网格状态分布图。在零件自身刚度较低的情况下,铣削加工对零件的刚度影响非常大,并且零件的刚度会随工件加工位置的变化而变化。为此需根据零件在加工状态下的刚度分布情况对零件网格加工顺序进行规划,实现对零件变形的控制。

由零件整体变形规律及刚度分析结果可知,零件在加工状态下由于上下工装的装夹固定,整体刚度分布大致为:在上下两端刚度较高,而在距上下两端较远的中间部位刚度较低。

假设按照图 6-8(a)所示的加工顺序进行切削加工,当完成了刚度较高的下部区域或者上部区域的铣削加工后,零件的整体刚度会大大降低,造成零件的变形量增加。若按图 6-8(b)所示的加工顺序,优先选择加工刚度最低的中间区域,这样对零件整体刚度的影响较小,使得零件可以处在最佳的刚度状态。因此,在加工过程中选择从零件中间的一排网格开始加工,然后分别向上下展开加工。

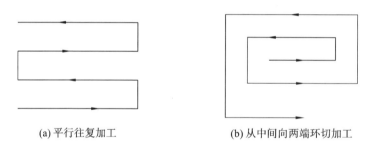

(a) 平行往复加工　　　　　　　　　(b) 从中间向两端环切加工

图 6-8　加工顺序示意图

按照图 6-8(b)所示的加工顺序加工,不但有效地利用零件自身的刚度,减小零件在加工中的变形,并且有利于零件在加工过程中产生的残余应力的释放,可以有效减小工件因残余应力的释放而导致的零件变形。

6.2.3　施加局部预变形力以控制变形

图 6-9 为工件在加工状态下的局部支撑工作示意图。机床的局部支撑在工件加工过程中可以提供一个支撑力,以增强零件的局部刚性,减小工件的变形。由工件整体受力变形规律的分析结论可以得出,工件的整体变形是沿高度方向由上到下呈抛物线状分布,在距离上下装夹位置较远处变形量较大,在距离上下装夹位置较近处变形量较小。因此,在工件变形规律分析的基础上,提出了利用随动的局部支撑对工件

加工部位施加一个预变形力,使其与加工过程中的铣削力相互抵消,实现对零件变形的控制。

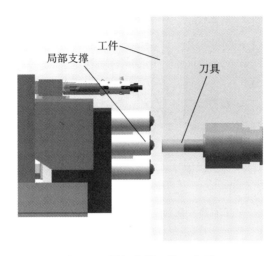

图 6-9 局部支撑工作示意图

具体过程如下:由铣削力的理论计算可得轴向铣削力 F_z 值,在加工过程中为使预变形力与轴向铣削力相互抵消,预变形力 F_0 的大小应等于 F_z,方向与其相反,从而实现对工件加工变形的控制。而由图 6-9 可以看出,预变形力是通过气缸对工件的作用力产生的,由提供局部预变形力的气压值确定。已知局部支撑由 6 个气缸组成,则预变形压力 P 的计算公式为

$$P = \frac{F_0}{6\pi R^2}$$

其中,P 为气缸顶紧气压,R 为气缸的内截面半径,F_0 为局部支撑的总预变形力。

为产生较好的耦合效果,令 F_0 等于理论铣削力 F_z,可计算得出理论的气缸顶紧气压值 P 约为 0.2 MPa。

为了验证施加预变形力对控制工件变形的有效性,分别在气缸气压 $P = 0.2$ MPa和 $P = 0$ MPa 条件下对零件加工变形情况进行对比实验,实验过程中沿工件的母线方向由上到下选择 40 个均匀分布的变形采样节点,记录工件各变形采样节点的变形量,得到在不同气压条件下的变形规律,如图 6-10 所示。

由图 6-10 可以看出,工件在气缸气压 0.2 MPa 条件下的变形量比在 0 MPa 条件下的明显减小,说明计算的理论气压值符合实际加工情况,对控制工件变形起到了明显的作用,由此也可说明施加预变形力对控制工件变形是可行的。

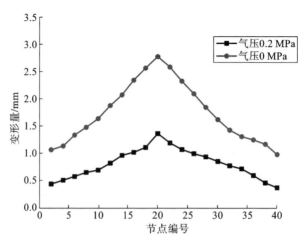

图 6-10　局部支撑下工件变形规律图

6.3　局部优化变形误差补偿

薄壁零件在加工过程中产生误差的主要原因是零件受到铣削力作用产生加工变形,在加工完成后弹性变形恢复,造成实际的切削量小于理论的切削量而产生"让刀误差"。薄壁零件在加工过程中受力变形产生"让刀误差"的基本原理如图 6-11 所示。

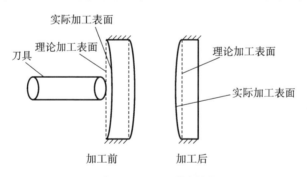

图 6-11　产生"让刀误差"的基本原理图

由图 6-11 可知,加工过程中零件的变形导致加工完成后零件的实际加工表面位置与理论加工表面位置间总存在一定的偏差 ε,即零件的"让刀误差"。为了减小薄壁零件的回弹误差,提高零件加工精度,针对实际加工中的"让刀误差"ε 进行进刀量的补偿。本节将针对大型筒状薄壁零件在整体镜像铣削加工过程中的变形,采用优化补偿进刀量的方法来实现加工变形精度的补偿和控制。

6.3.1 变形误差补偿基本原理

对刀具路径的补偿主要包括两个方面:刀轴矢量补偿和刀位点补偿。刀轴矢量补偿主要是指刀具相对于加工工件在不同方向上的偏摆补偿,一般适用于五轴联动机床。刀位点补偿主要是指在进刀方向上根据零件变形量对刀具的进刀量进行补偿。

薄壁零件由于易产生变形,在加工中产生所谓的"让刀误差"。而针对零件加工"让刀误差"的主动补偿方法主要有以下几种:

(1)完全镜像补偿。完全镜像补偿是指在走刀路径上各个工位的刀具补偿量等于这个工位处的零件变形量的补偿方式。如图 6-12 所示,零件在某工位点的变形量为 x_a,则在该工位点刀具的进刀补偿值取为 x_d,令 $x_d = x_a$,则最终补偿值的曲线与工件变形值曲线关于基准轴对称,从而实现工件变形的完全镜像补偿。这种主动补偿方法计算简单,但是没有考虑实际的补偿量与薄壁零件加工变形之间的耦合关系,即在刀具的进刀量补偿后由于切削深度的增加,导致铣削力增大,工件变形增加,使得补偿后的变形量大于补偿前该工位点的变形值。所以,采用完全镜像补偿方法不能完全消除因"让刀误差"而产生的加工精度误差。

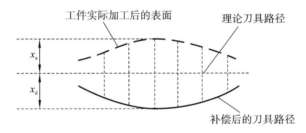

图 6-12   完全镜像补偿原理图

(2)分层完全镜像补偿。分层完全镜像补偿是指在每次走刀过程中均对薄壁零件的变形误差进行补偿,以减小只在工件最后一次精加工中进行完全镜像补偿所带来的较大加工回弹误差。与完全镜像补偿相比,分层完全镜像补偿由于在走刀过程中的每一层都进行了补偿,且在最后一次的走刀变形补偿中补偿量会非常小,因此造成的变形误差也较小。此补偿方法的主要缺点是需要根据工件的预测变形,生成多个数控加工补偿程序进行补偿加工,并且在每层的加工中都要进行补偿,造成工件的加工效率低。

(3)局部优化补偿。上述(1)(2)中提出的变形误差补偿措施没有考虑刀具补偿量与工件加工变形间的耦合关系。为了解决这个问题,提出基于预测变形的路径优化补偿方法。该方法首先预测加工路径上各个工位点的变形量,然后对各个工位点的补偿量进行优化,得出最优的补偿量,最后通过拟合和插值等方法确定最优的补偿路径。

本节在分析总结主动补偿方法的基础上,提出基于公差的局部优化补偿方法,以解决补偿量与工件加工变形之间的耦合关系。

6.3.2　基于公差的局部优化补偿

在加工过程中,工件加工表面因各处的刚度不同产生变形,造成最终加工表面与理论表面不一致,假如对走刀路径上各工位点都进行变形误差补偿,则会大大降低加工效率。如图 6-13 所示,工件变形只有部分区域超过了变形公差带,因此在实际加工过程中,只需要针对变形量超过公差带的变形区域进行优化补偿,使得工件的变形误差落入公差带内即可。

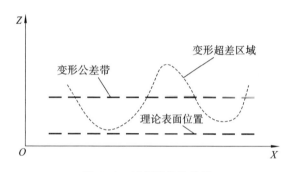

图 6-13　局部优化补偿图

局部误差优化补偿过程如下:

(1)确定需变形补偿的刀位点。如图 6-13 所示,薄壁零件的变形公差带宽要求为 T,在加工过程中,利用激光位移传感器对工件实时变形量进行测量,当激光位移传感器测量的工件变形量超出公差范围时即为变形关键点,则一系列的变形关键点就构成加工区域变形补偿的关键区域。变形量没有超出误差范围的区域,可以视为原始加工区域,其加工可以保持原有的理论切削深度。

(2)确定优化补偿量。如图 6-11 所示,零件在受到铣削力作用后产生变形,使得刀具的实际加工位置与理论加工位置不一致而产生回弹误差。结合(1)中测得的实时变形量对其进行优化补偿,已知刀具的理论刀具路径、测得的零件实时变形量及刀具实际补偿后路径之间的关系如图 6-12 所示。例如在某刀位点 P_j 位置工件的实时变形量为 x_{aj},修正后的刀具位置为 x_{bj},理论刀具位置为 x_{dj},则它们三者之间的基本关系为

$$x_{dj} = (x_{aj} + x_{bj})/2$$

由上述三者之间的关系可以看出,刀具的修正值与工件变形量关于理论刀具路径对称,根据补偿原理,刀具的补偿值可由激光位移传感器所测的工件实时变形量确定。为了更精确地对零件变形进行补偿,需要用上述补偿值乘变形耦合系数,以消除补偿与变形之间的耦合效应影响,实现对变形误差的优化补偿。

(3)加工优化补偿。上位机通过运算完成补偿量的优化计算,然后将其补偿到机

床的实时进刀量上,由此形成新的刀具优化轨迹。

根据优化补偿原理,在工件加工过程中激光位移传感器只要能够准确地测量出工件在进刀方向上的变形量,然后通过优化修正刀位点的补偿进刀量,便可以有效消除工件因变形引起的加工精度误差,实现对工件加工精度的控制。

6.3.3 确定优化补偿的变形耦合系数

为实现工件加工变形的优化补偿,需要确定工件的变形耦合系数。通过分析可以发现,工件的变形耦合系数主要与工件自身的塑性变形特性及其刚度有关。由于薄壁零件自身刚度较低,因铣削力引起的工件变形回弹现象较严重,为了消除变形回弹引起的加工误差,提出通过补偿每个工位点工件的变形量来实现对加工误差的控制。但是在进行进刀量补偿时,工件会因为补偿量造成二次回弹变形。为消除补偿中的二次回弹变形误差,提出在进刀补偿量基础上乘一个变形耦合系数的方法来实现对二次回弹变形的控制。由有限元分析可以得出,工件在装夹状态下整体刚度沿高度方向呈抛物线状分布,为更精确地确定变形耦合系数,需对工件整体状态按照仿真分析结果进行区域划分,然后分别确定每个区域内零件的变形耦合系数。

由图 6-14 可知,工件主要分为上、中、下三个区域,但工件的变形耦合系数主要与自身的刚度有关,因此将图 6-14 中工件的三个区域按刚度分布重新划分。将工件刚度较低、受力产生的变形量较大的中间区域称为Ⅰ区域,将工件刚度较高、受力产生的变形量较小的上部区域和下部区域称为Ⅱ区域。变形补偿耦合是指在加工过程中因刀具的补偿值增加而造成铣削力的变化,从而致使工件产生新的变形量的现象。在工件刚度较高的区域,变形量较小,变形回弹现象不严重,工件变形耦合现象不明显,基本可以忽略不计。对于刚度小、变形量大、变形耦合现象严重的中间区域,在进行刀具进刀量补偿时必须考虑变形的耦合效应,对其变形耦合现象进行修正,确定其变形耦合系数。具体修正过程如下:

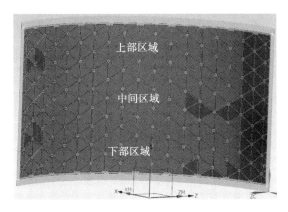

图 6-14　工件整体刚度区域分布图

（1）假设在理论刀具路径上取 m 个关键点 $L_j(j=1,2,3,\cdots,m)$，其中 m 的取值是根据工件的加工精度值确定的。

（2）激光位移传感器测得工件在每个工位点的变形量 u_j，根据材料性质和加工经验确定变形回弹系数 τ，得到各工位点的变形回弹量 $K_{p,j}=\tau u_j$。

（3）工件不同位置的变形耦合系数不同，据此对各个工位点的变形回弹量进行修正，修正后刀位点 L_j 的位置 $L'_j=L_j+O_jK_{p,j}$，其中 O_j 为工件的变形耦合系数，在 I 区域时变形回弹量 $K_{p,j}$ 大于切削深度的一半，则变形耦合系数 $O_j=a_{p,j}/K_{p,j}$，在 II 区域时变形回弹量 $K_{p,j}$ 小于切削深度的一半，该区域的变形量较小，其变形耦合效应可忽略，因此这一区域的变形耦合系数 $O_j=1$。

综上所述，工件在不同加工区域的变形耦合系数为

$$\begin{cases} O_{\mathrm{I}}=a_{p,j}/K_{p,j} & （\mathrm{I} 区域的变形耦合系数）\\ O_{\mathrm{II}}=1 & （\mathrm{II} 区域的变形耦合系数）\end{cases}$$

刀具在不同加工区域的优化补偿点位置 L_j 可由上述优化补偿方法确定，最终实现对工件加工精度的控制。

6.4 薄壁零件加工精度控制及补偿方法

选择适当的切削加工参数，对工件进行切削加工实验，在铣削力理论建模和有限元变形规律分析的基础上，对变形控制方案进行验证。下面分别在原始条件下、工艺控制变形条件下以及采取优化补偿控制条件下进行切削加工实验，利用奥林巴斯超声波测厚仪对工件加工后的厚度进行测量并记录，对比和分析三种实验条件下的厚度值，验证变形控制措施的有效性。

6.4.1 薄壁零件变形控制实验

本节根据 6.2 节提出的变形控制方案，设计并进行三个加工对比实验。为更直观地对比加工实验结果，在其他加工条件相同的情况下，分别设计了没有采取任何变形控制措施的加工实验、采取工艺控制变形措施的加工实验（优化进给速度、施加局部预变形力）以及采取工艺控制变形和变形补偿相结合的加工实验，以验证变形控制方案的可行性、有效性。

实验加工机床为多头筒段镜像铣削加工机床，工件的材料为铝合金 2219，机床主轴转速为 8000 r/min，进给速度为 4000 mm/min，实验切削深度为 3 mm，切削宽度为 15 mm。实验选用的刀具是直径为 20 mm 的聚晶金刚石（PCD）刀具。

1.原始加工方案

为了使实验结果更具有代表性，根据零件整体的刚度分布，选择图 6-15 所示的网格位置进行铣削加工。切削加工过程中切削参数保持不变，加工完成后利用超声

波测厚仪对工件加工后的厚度进行自动测量。每个网格内测量特征点的位置分布如图 6-16所示。

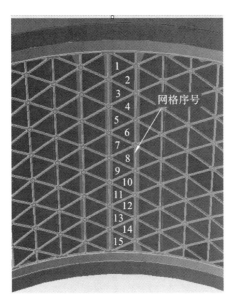

图 6-15　实验加工网格分布图

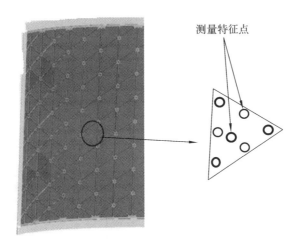

图 6-16　网格内测量特征点的位置分布

　　利用在上位机上开发的专用软件,对每个测量特征点的位置及厚度测量结果进行记录,如表 6-5 所示。

表 6-5　原始加工条件下工件测量特征点的位置及厚度

序号	位置坐标	厚度/mm	序号	位置坐标	厚度/mm
1	(1842.161，−4.38,49.1461)	2.79	1	(1801.474，−4.49,50.1133)	2.73

序号	位置坐标	厚度/mm	序号	位置坐标	厚度/mm
1	(1843.131,−3.97,25.2680)	2.77	5	(1360.667,−1.31,49.9426)	2.71
1	(1842.159,−3.88,25.3597)	2.87	5	(1403.346,−1.32,24.6750)	2.85
1	(1841.194,−3.87,25.2680)	2.77	5	(1403.374,−1.33,24.6774)	2.82
1	(1882.846,−4.29,50.1133)	2.72	5	(1403.405,−1.32,24.6740)	2.75
1	(1925.230,−4.81,74.5270)	2.78	5	(1446.079,−1.31,49.9426)	2.89
1	(1842.159,−4.74,74.1847)	2.79	5	(1488.754,−1.31,75.2087)	2.92
1	(1759.091,−4.83,74.5270)	2.70	5	(1403.374,−1.33,75.2111)	2.79
2	(1732.464,−4.30,40.1630)	2.89	5	(1317.995,−1.31,75.2145)	2.72
2	(1694.962,−4.51,47.5606)	2.76	6	(1293.678,−1.30,40.1623)	2.76
2	(1655.733,−4.18,25.0191)	2.98	6	(1254.445,−1.31,47.9032)	2.83
2	(1732.464,−4.01,25.3614)	2.86	6	(1215.213,−1.31,24.6750)	2.88
2	(1809.194,−3.91,25.0191)	2.77	6	(1293.677,−1.33,24.6784)	2.82
2	(1769.963,−4.48,47.5606)	2.76	6	(1372.139,−1.31,24.6750)	2.94
2	(1732.463,−4.91,70.4500)	2.78	6	(1332.908,−1.31,47.9066)	2.91
3	(1622.767,−4.67,49.3160)	2.81	6	(1293.677,−1.33,71.1359)	2.82
3	(1581.792,−4.81,50.2866)	2.72	7	(1183.981,−1.30,49.3153)	2.75
3	(1623.739,−4.27,25.2697)	2.74	7	(1141.274,−1.31,49.9426)	2.84
3	(1622.766,−4.28,25.3614)	2.93	7	(1183.953,−1.32,24.6750)	2.80
3	(1621.800,−4.30,25.2662)	2.74	7	(1183.980,−1.33,24.6740)	2.81
3	(1663.742,−4.61,50.2866)	2.76	7	(1184.018,−1.32,24.6774)	2.82
3	(1706.415,−4.94,74.8719)	2.86	7	(1226.687,−1.31,49.9426)	2.96
3	(1622.767,−5.01,74.5262)	2.72	7	(1269.361,−1.31,75.2111)	2.88
3	(1539.120,−5.18,74.8719)	2.74	7	(1183.980,−1.33,75.2111)	2.90
4	(1513.070,−5.8,40.1628)	2.92	7	(1098.602,−1.31,75.2145)	2.78
4	(1475.568,−5.04,47.5638)	2.83	8	(1074.284,−1.78,40.1613)	2.88
4	(1436.339,−4.68,25.0154)	2.89	8	(1035.052,−1.79,47.9032)	2.89
4	(1513.070,−4.58,25.3612)	2.83	8	(995.820,−1.90,24.6784)	2.89
4	(1589.801,−4.63,25.0188)	2.81	8	(1074.284,−1.84,24.6750)	2.90
4	(1550.571,−5.18,47.5604)	2.81	8	(1152.746,−1.77,24.6750)	2.92
4	(1513.070,−5.53,70.4463)	2.87	8	(1113.516,−1.77,47.9032)	2.98
5	(1403.375,−1.30,49.3153)	2.73	8	(1074.285,−1.33,71.1324)	2.89

序号	位置坐标	厚度/mm	序号	位置坐标	厚度/mm
9	$(964.588,-1.83,49.3153)$	2.81	12	$(713.960,-5.38,24.6755)$	2.78
9	$(921.881,-1.84,49.9426)$	2.87	12	$(674.730,-5.54,47.9072)$	2.74
9	$(964.560,-1.94,24.6750)$	2.82	12	$(635.498,-5.63,71.1364)$	2.81
9	$(964.586,-1.92,24.6740)$	2.85	13	$(525.802,-5.77,49.3192)$	2.78
9	$(964.623,-1.94,24.6740)$	2.95	13	$(483.095,-5.94,49.9431)$	2.83
9	$(1007.294,-1.81,49.9426)$	2.82	13	$(525.774,-5.76,24.6755)$	2.86
9	$(1049.968,-1.31,75.2111)$	2.88	13	$(525.800,-5.77,24.6745)$	2.76
9	$(964.587,-1.33,75.2145)$	2.81	13	$(525.834,-5.76,24.6779)$	2.76
9	$(879.209,-1.77,75.2111)$	2.80	13	$(568.508,-5.61,49.9431)$	2.88
10	$(854.890,-1.59,40.1623)$	2.82	13	$(611.182,-5.54,75.2116)$	2.78
10	$(815.659,-1.73,47.9032)$	2.86	13	$(525.801,-5.7,75.2116)$	2.83
10	$(776.427,-1.89,24.6784)$	2.88	13	$(440.422,-6.01,75.2116)$	2.75
10	$(854.891,-1.87,24.6750)$	2.88	14	$(416.105,-5.89,40.1630)$	2.81
10	$(933.353,-1.83,24.6750)$	2.88	14	$(378.603,-6.31,47.5606)$	2.78
10	$(894.122,-1.75,47.9032)$	2.83	14	$(339.373,-6.31,25.0156)$	2.72
10	$(854.891,-1.33,71.1359)$	2.89	14	$(416.105,-6.21,25.3614)$	2.78
11	$(745.196,-1.72,49.3153)$	2.77	14	$(492.834,-6.05,25.0156)$	2.77
11	$(702.488,-1.73,49.9426)$	2.83	14	$(453.605,-6.11,47.5606)$	2.82
11	$(745.167,-1.90,24.6750)$	2.89	14	$(416.104,-6.11,70.4465)$	2.82
11	$(745.193,-1.89,24.6740)$	2.81	15	$(306.410,-5.35,49.1461)$	2.82
11	$(745.227,-1.90,24.6774)$	2.81	15	$(265.723,-5.45,50.1133)$	2.73
11	$(787.900,-1.59,49.9436)$	2.79	15	$(307.380,-5.38,25.2680)$	2.76
11	$(830.575,-1.31,75.2111)$	2.81	15	$(306.408,-5.41,25.3597)$	2.75
11	$(745.194,-1.33,75.2145)$	2.88	15	$(305.441,-5.40,25.2715)$	2.75
11	$(659.816,-1.31,75.2111)$	2.84	15	$(347.094,-5.33,50.1167)$	2.75
12	$(635.498,-6.14,40.1628)$	2.82	15	$(389.478,-5.26,74.5270)$	2.72
12	$(596.265,-5.61,47.9072)$	2.83	15	$(306.407,-5.26,74.1847)$	2.72
12	$(557.034,-5.68,24.6755)$	2.86	15	$(223.340,-5.35,74.5270)$	2.74
12	$(635.498,-5.50,24.6755)$	2.82			

2. 工艺控制变形方案

在其他加工条件不变的情况下,对相同位置的网格采用工艺控制变形方案进行加工实验。因为在实验中只选择单独的一列网格进行加工,故铣削加工顺序的选择对零件刚度的影响较小,基本可以忽略。实验结束后测量和记录每个测量特征点的位置和厚度,如表 6-6 所示。

表 6-6　采用工艺控制变形方案后工件测量特征点的位置及厚度

序号	位置坐标	厚度/mm	序号	位置坐标	厚度/mm
1	(1842.161,−4.38,49.1461)	2.79	4	(1513.070,−4.58,25.3612)	2.83
1	(1801.474,−4.49,50.1133)	2.73	4	(1589.801,−4.63,25.0188)	2.81
1	(1843.131,−3.97,25.2680)	2.67	4	(1550.571,−5.18,47.5604)	2.81
1	(1842.159,−3.88,25.3597)	2.67	4	(1513.070,−5.53,70.4463)	2.87
1	(1841.194,−3.87,25.2680)	2.67	5	(1403.375,−1.30,49.3153)	2.73
1	(1882.846,−4.29,50.1133)	2.72	5	(1360.667,−1.31,49.9426)	2.71
1	(1925.230,−4.81,74.5270)	2.68	5	(1403.346,−1.32,24.6750)	2.65
1	(1842.159,−4.74,74.1847)	2.79	5	(1403.374,−1.33,24.6774)	2.62
1	(1759.091,−4.83,74.5270)	2.70	5	(1403.405,−1.32,24.6740)	2.65
2	(1732.464,−4.30,40.1630)	2.89	5	(1446.079,−1.31,49.9426)	2.69
2	(1694.962,−4.51,47.5606)	2.66	5	(1488.754,−1.31,75.2087)	2.62
2	(1655.733,−4.18,25.0191)	2.98	5	(1403.374,−1.33,75.2111)	2.79
2	(1732.464,−4.01,25.3614)	2.86	5	(1317.995,−1.31,75.2145)	2.72
2	(1809.194,−3.91,25.0191)	2.67	6	(1372.139,−1.31,24.6750)	2.74
2	(1769.963,−4.48,47.5606)	2.66	6	(1332.908,−1.31,47.9066)	2.71
2	(1732.463,−4.91,70.4500)	2.78	6	(1293.677,−1.33,71.1359)	2.82
3	(1622.767,−4.67,49.3160)	2.81	6	(1293.678,−1.30,40.1623)	2.76
3	(1581.792,−4.81,50.2866)	2.72	6	(1254.445,−1.31,47.9032)	2.83
3	(1623.739,−4.27,25.2697)	2.74	6	(1215.213,−1.31,24.6750)	2.88
3	(1622.766,−4.28,25.3614)	2.73	6	(1293.677,−1.33,24.6784)	2.82
3	(1621.800,−4.30,25.2662)	2.74	7	(1183.981,−1.30,49.3153)	2.75
3	(1663.742,−4.61,50.2866)	2.76	7	(1141.274,−1.31,49.9426)	2.74
3	(1706.415,−4.94,74.8719)	2.66	7	(1183.953,−1.32,24.6750)	2.80
3	(1622.767,−5.01,74.5262)	2.72	7	(1183.980,−1.33,24.6740)	2.81
3	(1539.120,−5.18,74.8719)	2.64	7	(1184.018,−1.32,24.6774)	2.82
4	(1513.070,−5.80,40.1628)	2.72	7	(1226.687,−1.31,49.9426)	2.76
4	(1475.568,−5.04,47.5638)	2.83	7	(1269.361,−1.31,75.2111)	2.81
4	(1436.339,−4.68,25.0154)	2.80	7	(1183.980,−1.33,75.2111)	2.70

续表

序号	位置坐标	厚度/mm	序号	位置坐标	厚度/mm
7	(1098.602,−1.31,75.2145)	2.68	11	(745.194,−1.33,75.2145)	2.68
8	(1074.284,−1.78,40.1613)	2.78	11	(659.816,−1.31,75.2111)	2.64
8	(1035.052,−1.79,47.9032)	2.89	12	(635.498,−6.14,40.1628)	2.82
8	(995.820,−1.90,24.6784)	2.89	12	(596.265,−5.61,47.9072)	2.88
8	(1074.284,−1.84,24.6750)	2.80	12	(557.034,−5.68,24.6755)	2.89
8	(1152.746,−1.77,24.6750)	2.92	12	(635.498,−5.50,24.6755)	2.82
8	(1113.516,−1.77,47.9032)	2.68	12	(713.960,−5.38,24.6755)	2.68
8	(1074.285,−1.33,71.1324)	2.79	12	(674.730,−5.54,47.9072)	2.74
9	(964.588,−1.83,49.3153)	2.81	12	(635.498,−5.63,71.1364)	2.81
9	(921.881,−1.84,49.9426)	2.71	13	(525.802,−5.77,49.3192)	2.78
9	(964.560,−1.94,24.6750)	2.72	13	(525.800,−5.77,24.6745)	2.72
9	(964.586,−1.92,24.6740)	2.75	13	(525.834,−5.76,24.6779)	2.73
9	(964.623,−1.94,24.6740)	2.75	13	(568.508,−5.61,49.9431)	2.78
9	(1007.294,−1.81,49.9426)	2.82	13	(611.182,−5.54,75.2116)	2.78
9	(1049.968,−1.31,75.2111)	2.78	13	(525.801,−5.70,75.2116)	2.73
9	(964.587,−1.33,75.2145)	2.81	13	(440.422,−6.01,75.2116)	2.70
9	(879.209,−1.77,75.2111)	2.70	13	(483.095,−5.94,49.9431)	2.73
10	(854.890,−1.59,40.1623)	2.82	13	(525.774,−5.76,24.6755)	2.69
10	(815.659,−1.73,47.9032)	2.86	14	(416.105,−5.89,40.1630)	2.81
10	(776.427,−1.89,24.6784)	2.88	14	(378.603,−6.31,47.5606)	2.78
10	(854.891,−1.87,24.6750)	2.78	14	(339.373,−6.31,25.0156)	2.72
10	(933.353,−1.83,24.6750)	2.68	14	(416.105,−6.21,25.3614)	2.78
10	(894.122,−1.75,47.9032)	2.73	14	(492.834,−6.05,25.0156)	2.77
10	(854.891,−1.33,71.1359)	2.79	14	(453.605,−6.11,47.5606)	2.82
11	(745.196,−1.72,49.3153)	2.77	14	(416.104,−6.11,70.4465)	2.82
11	(702.488,−1.73,49.9426)	2.73	15	(306.410,−5.35,49.1461)	2.82
11	(745.167,−1.90,24.6750)	2.69	15	(265.723,−5.45,50.1133)	2.73
11	(745.193,−1.89,24.6740)	2.71	15	(307.380,−5.38,25.2680)	2.76
11	(745.227,−1.90,24.6774)	2.71	15	(306.408,−5.41,25.3597)	2.75
11	(787.900,−1.59,49.9436)	2.79	15	(305.441,−5.40,25.2715)	2.75
11	(830.575,−1.31,75.2111)	2.71	15	(347.094,−5.33,50.1167)	2.75

序号	位置坐标	厚度/mm	序号	位置坐标	厚度/mm
15	$(389.478,-5.26,74.5270)$	2.68	15	$(223.340,-5.35,74.5270)$	2.64
15	$(306.407,-5.26,74.1847)$	2.72			

每个测量特征点的厚度代表某个网格不同位置的厚度,为方便观察整个零件的加工精度变化规律,取每个网格测量特征点厚度数据的平均值作为网格的加工精度结果,将两个实验加工结果绘制成曲线,如图 6-17 所示。

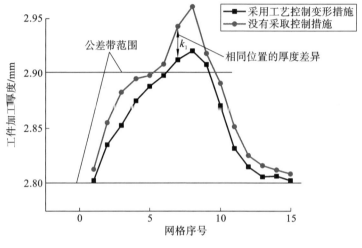

图 6-17　测量结果对比图

由图 6-17 可以看出,零件的加工厚度由上到下呈抛物线状分布,与前面工件有限元变形分布仿真结果基本吻合,说明零件在加工过程中的变形是影响工件加工精度的主要因素。零件的理论加工精度为 2.8 mm±0.1 mm,由图 6-17 可以看出,采用工艺控制变形方案的加工精度整体比原始加工方案的高,且采用工艺控制变形方案的网格厚度均小于原始加工方案,说明工艺控制变形方案对控制零件加工精度是有效的。由图 6-17 还可以发现,虽然采用了工艺控制变形方案,但在工件刚度最低的中间部分网格的加工厚度仍存在着部分超差现象,故需针对变形量过大的超差区域采用优化补偿方法控制变形。

3. 优化补偿控制变形方案

优化补偿控制变形方案中加工实验的切削参数及加工条件与上述的相同,将采用优化补偿控制变形措施后测得的实验数据与前两个实验结果对比,如图 6-18 所示。

由图 6-18 可见,利用优化补偿方法控制工件变形的效果非常明显,特别是在工件刚度最小的中间部位,使得加工精度符合理论加工精度要求。

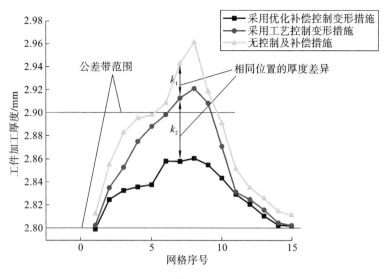

图 6-18 三种方案加工结果对比

6.4.2 实验结果分析

对比和分析上述三种实验结果可以得出,工件在原始加工条件下整体变形量较大,且工件变形量最大处出现在刚度最小的中间位置,在采用工艺控制变形措施后工件整体变形量减小,并且由图 6-18 可以看出在某相同位置变形量减小了 k_1(即相同位置的网格),但是中间位置仍有局部变形量超过理论精度要求范围。而在工艺控制变形措施的基础上,施加局部优化补偿措施后,零件整体加工精度有了明显的提高,特别是在刚度最小的中间区域,其变形量控制得非常好,使得零件整体加工精度均能控制在理论精度范围内。

本章参考文献

[1] 赵明伟,岳彩旭,陈志涛,等.航空结构件铣削变形及其控制研究进展[J].航空制造技术,2022,65(3):108-117.

[2] 刘海涛.精密薄壁回转体零件加工残余应力及变形的研究[D].哈尔滨:哈尔滨工业大学,2010.

[3] 王志刚,何宁,张兵,等.航空薄壁零件加工变形的有限元分析[J].航空精密制造技术,2000,36(6):7-11.

[4] 霍帅.铝基合金板镜像铣削的变形分析及控制[D].北京:北京航空航天大学,2014.

[5] 董辉跃,柯映林,孙杰,等.铝合金厚板淬火残余应力的有限元模拟及其对加工

变形的影响[J]. 航空学报,2004,25(4):429-432.

[6] DEPINCE P,HASCOET J Y. Active integration of tool deflection effects in end milling. Part2. Compensation of tool deflection [J]. International Journal of Machine Tools and Manufacture,2006,46(9):954-956.

[7] RATCHEV S, LIU S, HUANG W, et al. Milling error prediction and compensation in machining of low-rigidity parts[J]. International Journal of Machine Tools and Manufacture,2004,44(15):1629-1641.

[8] 万敏,张卫红. 铣削过程中误差预测与补偿技术研究进展[J]. 航空学报,2008, 29(5):1340-1349.

[9] 陈蔚芳,楼佩煌,陈华. 薄壁件加工变形主动补偿方法[J]. 航空学报,2009,30 (3):570-576.

[10] WU Q,ZHANG Y D,ZHANG H W. Corner-milling of thin walled cavities on aeronautical components[J]. Chinese Journal of Aeronautics,2009,22(6): 677-684.

[11] HUANG N D,BI Q Z,WANG Y H,et al. 5-axis adaptive flank milling of flexible thin-walled parts based on the on-machine measurement [J]. International Journal of Machine Tools and Manufacture,2014,84:1-8.

[12] 钱丽丽. 钛合金薄壁件加工工艺分析与变形预测研究[D]. 南京:南京航空航 天大学,2013.

[13] 薄其乐. 大型薄壁件镜像加工稳定性监测技术研究[D]. 大连:大连理工大 学,2019.

[14] 费基雄. 基于随动支撑的薄壁件铣削稳定性及误差建模研究[D]. 天津:天津 大学,2019.

7 RTX 开放式数控系统研究与开发

随着软件工程领域的不断发展,Windows 操作系统为工业控制行业的发展提供了新的契机。Windows 虽然具有多进程任务功能,但由于它的体系结构是为办公室自动化而设计的,不具备实时性,故一般不会直接用于实时控制,而是寻求一种更适合的实时操作系统。

7.1 实时操作系统

实时操作系统(real time operating system,RTOS)是指无法预知的外界事件或数据产生后,在可预测的时间内能够接受并且以足够快的速度进行处理,其处理的结果又能在规定的时间之内控制生产过程或对处理系统做出快速响应,能调度一切可以利用的资源完成实时任务,并协调一致运行的操作系统。

7.1.1 Windows 系统实时扩展平台 RTX

RTX 是 IntervalZero 公司的软件产品,该软件嵌入 Windows 中,扩展了 Windows 操作系统的实时处理能力。它提供了功能丰富、强大的实时控制接口,而且这些接口与 Win32 接口兼容。RTX 还提供优化系统功能(包括硬件和软件)、编译和运行实时程序的工具。利用 RTX 进程间的通信机制,Win32 环境和 RTX 实时环境可无缝连接在一起。RTX 在 Windows 操作系统中扩展了一个实时子系统 RTSS,RTSS 提供实时运行环境和相应的编程接口。

RTX 软件对 Windows 操作系统控制的硬件抽象层进行了修改和扩展,并在 RTX HAL Extension 的基础之上形成了 RTX-RTSS 实时子系统(real-time subsystem),同时还提供一套 RtWin API 的标准动态链接库,可以被标准的 Win32 环境和 RTSS 环境调用。虽然在 Win32 环境中使用 RtWin API 没有在 RTSS 任务下的确定性高,但可以允许应用程序在更加友好的 Win32 编程环境中开发而不用在设备开发工具(DDK)环境中开发。将在 Win32 系统中编写的程序移植到 RTX 程序中,只需要重新链接一套不同的标准库。Windows 服务控制管理器(service control manager)直接将 RTX-RTSS 实时子系统进程和动态链接库(dynamic link library,DLL)的可执行映像装入内核的非页面内存中。

RTX 修改和扩展了 Windows 硬件抽象层,在 Windows 和 RTX 线程之间增加独立的中断间隔,使得 Windows 进程中的线程与 Windows 管理和控制的设备不会中断 RTSS,同时 Windows 线程也没有权限去屏蔽 RTSS 所管理的设备。那么当一个 RTSS 线程正在运行时,所有 Windows 管理的中断以及任何低优先级的线程所管理的中断都会被屏蔽掉。相反地,如果拥有高优先级的线程,则其所管理的中断都不会被屏蔽,并且允许其打断当前线程。为了解决线程抢占问题,RTSS 采用了高可靠性的优先级提升策略。当一个低优先级线程拥有一个高优先级线程等待的对象时,在它拥有该对象的时间内它会被自动提升到较高的优先级别。

RTSS 可以完全排除由 Windows 操作系统平台及其设备驱动的进程内部中断请求级别(IRQL)屏蔽所造成的延迟。当系统在 Windows 与 RTX 两者之间进行切换时,RTX 的硬件抽象层执行中断隔离,重新对可编程中断控制器(programmable interrupt controller,PIC)进行编程。所以当 RTX 运行时,可以屏蔽所有 Windows 中断。

7.1.2　RTX 实时性能分析

在 Windows XP + RTX 组合的软件平台上开发开放式数控系统时,加减速插补计算和位置控制计算都会在 RTX 软件平台下的 RTSS 进程中完成,这时将主要使用 RTX 中的定时器来完成加减速插补计算和位置控制计算的周期任务。因此,定时器的定时精度不仅决定了数控系统实时性能的质量,而且对开发开放式数控系统的架构复杂程度起着至关重要的作用。

RTX 为开发者提供 3 种时钟,选用合适的时钟,在没有任何漂移情况下,可以精确到 100 ns。定时器周期支持 1000 μs、500 μs、200 μs 和 100 μs 等几种。

根据以上情况,为了分析和测试 RTX 的定时器定时的延时情况和精度实时性能,在 RTSS 进程环境中将分有负载和无负载这两种情况来说明。测试的对象为开发开放式数控系统的 PC 主机 Windows XP 系统,在无负载的情况下测试了 RTSS 和 Win32 系统下定时器的延迟性能。从测试的结果可以看出,RTSS 进程的定时最大延迟为 3 μs,平均延迟时间为 2 μs,可以得出 RTX 的定时器延迟小、精度高。

在有负载的情况下测试了 RTSS 和 Win32 系统下定时器的延迟性能。所谓"有负载",是指系统额外运行其他进程来增加"开销"。从测试结果可以看出,RTSS 进程的定时最大延迟时间为 11 μs,平均延迟时间为 2 μs,可见在有负载的情况下 RTX 的定时器延迟较小、精度高,故在多进程的软件开发中系统的实时性将得到保证。所以,无论是在有负载还是无负载情况下,RTX 的定时器定时精度完全可以满足开放式数控系统的实时控制要求。

RTX 系统中的时钟是由实时硬件抽象层扩展完成刷新的,与此同时 RTX 计时器也将保持同步。对于定时器的工作过程,其实质是隐含的运行线程。现使用最快时钟 CLOCK_2,设置硬件抽象层计时器的时间间隔为最小值,有 1 μs、2 μs、5 μs、10 μs、50 μs、100 μs 等,此时通过试验选择 50 μs 较为合适。可以调用 RtCreate

Timer 函数创建 RTX 定时器,调用 RtSetClockTime 函数来设置时钟的时间值,调用 RtSetTimer 函数为给定的定时器设定第一次执行时间以及周期性运行间隔时间的值。

7.1.3　数控系统中 RTX 实时组件技术应用

在开发开放式数控系统时,主要创建两个进程:Win32 进程和 RTSS 进程。在不同的系统下进程使用共享内存交换控制信息和数据信息。Win32 进程主要处理弱实时任务,如译码、仿真显示任务等;RTSS 进程主要处理加减速插补和位置控制任务。RTSS 进程中的线程和 Win32 进程中的线程只可能在它们各自的环境中才能被访问。当 Win32 进程调用 RtWin API 中的函数时,Win32 进程就开始和 RTX 系统产生相互作用。此时 RTX 系统软件将会为这个进程合理分配资源,改变进程的优先级。开发者在创建线程时,可以创建 Win32 线程或 RTSS 线程,这主要取决于当前进程的运行环境。因为 RTSS 线程的句柄仅仅在 RTSS 环境下才有作用,所以 Win32 进程中的线程无法控制和管理 RTSS 线程。但是,开发者可以利用 RTX 中的 IPC 机制,例如信号量、事件体、共享内存等,实现 Win32 线程和 RTSS 线程之间的通信。

定时器和中断对象实质上是隐含的线程,同样这些对象的句柄也只能在各自的环境(RTSS 环境或 Win32 环境)中才有效,它们也只能被所属的各自环境下的进程控制和管理。

1. 进程间的通信

本章开发的开放式数控系统软件可以使用 RTSS 共享内存方式实现 Win32 与 RTSS 进程间的控制信息和数据信息传递。RTSS 的共享内存对象本质上是一块非页面物理内存,其可以被映射到进程的虚拟地址空间中。RTSS 的共享内存允许开发者在多个进程(包括 Win32 进程和 RTSS 进程)之间共享数据内容。同时,为了能在几个进程中利用共享内存,这个共享内存首先必须被其中一个进程用 RtCreateSharedMemory 函数调用创建,可以在 Win32 进程或 RTSS 进程中创建。其他进程可以利用 RtOpenSharedMemory 函数调用共享内存,把在其他进程中已创建的共享内存对象映射到自己的虚拟地址空间,通过这种机制可以在多个进程访问时共享内存的控制信息和数据信息。

当要在 Win32 进程与 RTX 进程中从共享内存中读取或存取数据信息时,需要使用事件体或互斥体来维护共享内存里信息的安全,其主要原因是在同一时刻只能有一个线程对共享内存中的控制信息和数据信息进行操作,需要调用 RtCreateEvent 或 RtCreateMutex 函数来创建事件体或互斥体命名对象,调用 RtOpenEvent 函数或 RtOpenMutex 函数可以在其他线程中打开指定名称的命名对象。不论是使用事件体还是互斥体对象,都要使用 RtWaitForSingleObject 函数来判断指定命名对象的信号状态,如果对象是无信号状态,则被调用的函数线程此时需等待处理,当对象是有信号状态时,在极短的时间里调用此函数的线程将会得到处理。

2. 端口 I/O 服务

RTX 中的端口 I/O 服务允许开发者直接在处理器的 I/O 空间进行数据移动,而不必切换到核心状态下。通常情况下,在 Win32 系统平台下开发软件而需要访问外部端口时不能直接访问设备,需要编写相应的设备驱动程序才可以对端口进行操作。而在 RTX 的端口服务下不需要编写任何设备驱动程序,就可以直接对计算机的外部设备端口地址进行操作,其优势是可以降低开发者编写驱动程序的难度和节省开发时间,更重要的是在实时性要求高的数控系统中消除了加载设备驱动程序带来的延时,大大提高了系统的可靠性。

在位置控制模块中,最终要发送脉冲控制步进电机。这时将会使用 PC 并口端口发送控制信号,此时需要用到 RTX 端口访问服务,原先并口端口设备在 Win32 环境下被控制着,这时就要将并口端口配置到 RTX 环境下,且被可识别的设备直接控制。将并口端口设置成 ECP(extended capability port)模式下进行转换,进入 RTX Properities 下选择 Hardware 进行操作。转换后的结果就是在设备管理器目录 RTX Drivers 下,显示出 ECP 打印机端口(LPT1)。

在 X86 体系结构的处理器下,计算机并口端口被表示为一个字节的硬件设备控制寄存器,在配置好并口端口服务后,需要启动 RTX 的端口访问,这时需要调用 RtEnablePortIo 函数使能端口,通过调用 RtWritePortUchar 函数和 RtReadPortUchar 函数分别发送控制信息和读取端口状态信息,也可调用函数 RtDisabledPortIo 来终止对端口的访问。

7.2 数控软件开发编程技术应用

7.2.1 开发工具简介

开发基于 Windows XP+RTX 的开放式数控系统,选定 Microsoft Visual C++ 6.0(VC6.0)为软件开发环境,这是微软公司开发的一款 C++编译器,是一个功能强大、灵活性好、易扩展及拥有 Internet 支持能力的可视化软件开发工具。VC6.0 由多个组件构成,包括编辑器、类向导(class wizard)、程序向导(application wizard)以及调试器等开发工具。这些组件通过一个称为 Developer Studio 的组件集成为一个和谐的开发环境,RTX 软件也支持 VC6.0 开发工具。利用 VC6.0 作为开发工具时,有两个主要阶段:第一阶段是可视化设计,通过微软基础类库 MFC(Microsoft foundation class)来设计界面;第二阶段是模块代码编写和程序开发,主要利用 C++程序语言编写代码和设计算法模块。

7.2.2 人机界面设计技术

良好的人机界面是数控软件的重要组成部分,它是用户与系统之间传递数据、交换信息和对话的接口。设计的人机界面是基于对话框的,类似于基于单文档应用程序框架结构。为了更好地控制、管理、显示,数控软件人机界面设计使用 Windows 编程中的分隔视窗技术,把数控软件界面分成四个部分,分别为加工代码显示、机床控制操作面板、机床坐标信息显示、图形仿真显示。其中,机床控制操作面板是数控软件中的核心控制管理区,它将与 RTSS 进程命名的对象进行连接。

7.2.3 Windows 系统多进程技术

Windows 系统进程,从狭义上理解就是正在运行的程序的实例;从广义的角度讲,进程就是一个具有一定独立功能的程序针对某些数据集合的一次执行活动。操作系统动态执行进程,也是系统执行的基本单元。我们通常从狭义方面来理解进程,包括两个方面:一方面,进程是一个实体。每一个进程都有自己的地址空间,一般情况下包括文本区域(text region)、数据区域(data region)和堆栈(stack region)。文本区域存储将要被处理器执行的代码;数据区域存储定义的变量和进程执行期间产生的动态分配的内存;堆栈存储程序执行活动过程中需要调用的指令和本地变量。另一方面,进程是一个"执行中的程序"。程序是一个没有"生命"的实体,只有在操作系统执行程序时才赋予程序"生命",它才能成为一个活动的实体,称为进程。实际上进程执行时,每个进程都有可能包含多个线程,而所有这些线程都"同时"执行该进程地址空间中的代码。为此,该进程会为每个线程分配 CPU 寄存器和堆栈。而且每个进程至少拥有一个线程去执行进程地址空间中的代码。当每次创建一个进程时,系统将会自动创建它的第一个线程,称为主线程。然后,该线程也可以创建其他线程,以此类推。

7.3 基于 RTX 数控系统总体设计

开放式数控系统由硬件和软件两部分组成,SOFT 型数控系统虽然大大简化了硬件系统,但并不是简单地将原先由硬件实现的功能软件化,其中涉及的关键问题是数控系统的软件架构问题。全软件数控系统是针对 PC 的并行接口的,是比较简单的但也是最基本的全软件形式的开放式数控系统。软件开发平台是在 Windows 操作系统上嵌入 IntervalZero 公司的实时扩展系统 RTX,其可以构造 Windows 强实时环境。为了使系统易操作和考虑经济方面原因,确定硬件平台是 PC,并通过 PC 的并行接口控制步进电机驱动器,同时并行接口也可以作为输入接口获取信息,在这一设备搭建中不再需要专业的运动控制卡等。

　　数控装置和驱动装置是数控系统硬件结构主要组成部分。一般来说,数控装置产生控制信号,驱动装置接收数控装置产生的指令来控制电机从而驱动机床的各运动部件,最终精确地控制电机的位置和速度。在所研发的数控系统硬件结构中,通用PC和高速并口CNC接口板组成数控装置,通过Windows＋RTX平台软件算法实现数控装置的主要控制功能,极大地减小数控系统的硬件规模。驱动装置采用的是东芝公司设计生产的TB6560AHQ单片正弦细分二相步进电机驱动专用芯片,该芯片的驱动板在电路、结构上都使用了可靠性设计。数控系统硬件结构组成如图7-1所示。

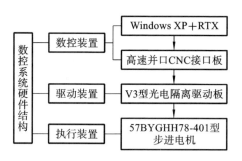

图 7-1　数控系统硬件结构框图

7.3.1　PC 的硬件结构

　　从图7-1可看出,Windows XP＋RTX软件平台开发软件系统实现全部的控制功能,其中通用PC的配置如表7-1所示。

表 7-1　PC 硬件配置

硬件名称	型号
中央处理器	Intel(R) Pentium(R) Dual 2.20 GHz
主板	P35/G33/G31/P31 Express - ICH7
内存	3062 MB
显示卡	NVIDIA GeForce 9300 SE
硬盘	WD3200AAJS-22L7A0
显示器	FOU1901 FB980-WS
键盘鼠标	罗技 MK120

7.3.2　高速并口 CNC 接口板

　　在数控装置中,高速并口CNC接口板能与驱动装置传递控制信息和数据信息,达到控制运动设备以及实现相互间的I/O功能的目的。高速并口CNC接口板使用贴片元器件和优良制作工艺,产品电气性能稳定,使用方便灵活,适用于计算机并行端口与带光电隔离的电机驱动器、信号检测元件等的连接。

　　整个系统硬件结构连接图如图 7-2 所示,其中高速并口 CNC 接口板开放所有 17 个数据传输针脚,最多可以驱动控制 6 个轴。接口板 P1～P17 端口信号与 PC 并行端口信号 1～17 号针依次对应,并行端口 18～25 号针为电源地。接口板 P1～P9、P14、P16、P17 端口为控制信号输出端口。

　　接口板中具有信号整形功能的三态总线收发并整形芯片 74HC244 的信号后缓冲输出,其整形的作用是将 PC 并行端口高电平信号转换为 5 V,带负载电流大,提高 PC 并行端口的驱动能力。

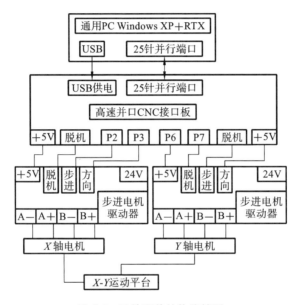

图 7-2　系统硬件结构连接图

　　接口板将 P2 和 P6、P3 和 P7、P4 和 P8、P5 和 P9、P14 和 P16、P1 和 P17 组合成"脉冲＋方向",为了能与步进电机驱动器配套使用,每一组的并口板都提供了脱机使能信号线和＋5V 电平信号。P10～P13、P15 端口为信号输入端口,可外接机械开关、接近开关、传感器等,其通过并行端口将这些输入信号传输到软件系统里并做出相应的执行动作。

7.3.3　光电隔离驱动板

　　步进电机驱动板的主芯片为 TB6560AHQ,其特点是可有效减少电机锁定期间驱动器与电机的发热量,同时也可使电机运动时振动小、噪声低,芯片自带电流衰减模式和 2、8、16 三种细分模式,其中电流衰减模式可以满足不同类型的步进电机,当选择的电流衰减模式不合理时,可能会使电机产生高频噪声,通过合理设置电流衰减模式能减小甚至消除这种噪声;细分技术实质上是一种电子阻尼技术,其主要目的是减弱或消除步进电机的低频振动,提高电机的运转精度只是细分技术的一个附带功能。

控制信号的输入端口使用光耦(6N137)隔离,采用共阳极接法,保证信号的高速传输并有效防止故障的扩大。光电隔离可防止外界高电平电流通过并口 CNC 接口板流入 PC 并行端口,起到保护 PC 的作用。

7.4　系统软件结构平台

7.4.1　数控软件功能模块分析

在开放式数控系统硬件结构的基础之上进行系统软件结构平台设计,从整体上来说,它主要包括非实时性模块和实时性模块两部分。非实时性模块主要完成非实时性任务,如人机界面模块、译码模块等;实时性模块主要完成实时性任务,如插补模块、位置控制模块等。图 7-3 所示为开放式数控系统软件功能模块结构图。

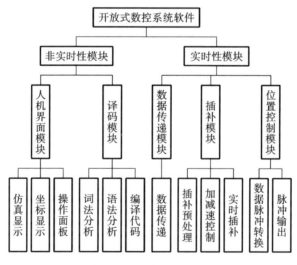

图 7-3　开放式数控系统软件功能模块结构图

1.人机界面模块

人机交互界面是用户与数控系统交互的界面,用户通过操作界面来传递控制信息和数据信息,获取显示信息,同时可以选定数控系统工作模式,如手动控制、自动执行等,并通过快速准确的操作来保证数控系统的正常运行,最终提高生产效率。

人机交互界面划分成四个部分:左上角为图形仿真显示窗口,将图形仿真模块传递过来的系统内部坐标数据显示在该窗口上,还可以显示各个坐标轴的移动路径,从而验证加工代码的正确性;左下角为加工代码显示窗口,显示加工代码数据;右上角为机床坐标信息显示窗口,将机床坐标显示在窗口上;右下角为机床控制操作面板窗口,用来控制整个数控系统的运行。用户可以进行自动加工、手动控制等加工方式的选择,还可以在数控系统 G 代码运行、停止或者出现紧急情况时执行紧急停止操作。

2. 译码模块

译码模块的功能主要是依据用户的系统配置,以及数控加工代码的语法和词法规则对生成的 G、M 代码进行检查,同时需要对代码分离后提取的加工信息做出相应的执行动作,转换成处理器内部可以使用的数据形式,而且按照一定的数据格式存放在共享内存中,供插补模块以及其他模块使用。

3. 数据传递模块

数据传递模块是在 RTX 环境或 Win32 环境下创建共享内存,在非实时性模块与实时性模块之间进行控制信息传递、数据交换的工作,保证各模块间数据通信的畅通,是非实时性任务与实时性任务信息传递的桥梁。

4. 插补模块

插补模块主要对译码后的数据进行加减速规划控制、插补控制等,得到的插补结果坐标增量将存储在插补缓冲区,其在位置控制处理中将会被实时调用。插补模块是运行在 RTSS 进程中的实时性模块。

5. 位置控制模块

位置控制模块对在插补过程中产生的坐标增量数据进行精插补处理,通过数字积分法把坐标增量转换成脉冲信号,并通过高速并口 CNC 接口板传输给驱动装置,从而驱动电机运行。位置控制模块也是实时性模块,它周期性地工作在 RTSS 进程中,运行的优先级别最高。

7.4.2 数控软件结构设计与实现

基于 Windows XP+RTX 平台上设计的开放式数控系统软件结构体系如图 7-4 所示。

根据数控软件中各功能模块对实时性的要求不同,数控系统将会合理分配某功能模块在 Windows 环境下的 Win32 非实时进程下或者 RTX 环境下的 RTSS 实时进程下。如人机界面模块和译码模块都是非实时性任务,都将建立在 Win32 非实时进程下;插补模块和位置控制模块都是实时性任务,都将建立在 RTSS 实时进程下。插补模块和位置控制模块是数控软件的核心功能,位置控制模块的优先级别最高,数控软件启动后位置控制模块就开始周期性运行。插补模块作为实时性任务在启动阶段被加载入系统的内核,当进行插补处理时就会被启动并且将周期性运行,当没有插补处理任务时,插补模块的实时线程处于悬挂状态。人机界面模块从数控软件初始化开始就加载到系统的用户层执行,其进程的优先级别最低,只有在系统空闲的情况下才执行。该体系结构的确立显现了 Windows 系统在界面方面的巨大优势,而底层实时控制开发则需要利用 RTX 扩展内核系统来实现。这一体系结构是进行开放式

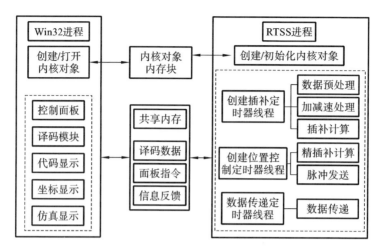

图 7-4　开放式数控系统软件结构框图

数控系统软件研制的基础。

　　定时器线程创建好，执行 RTSS 进程后，系统将会严格按照优先级别以抢占式策略调用线程执行，但是在数控系统软件中，插补处理和位置控制处理都是强实时性任务，其中插补计算的结果即坐标增量供位置控制模块使用，算法较复杂，运行时间比较长；位置控制处理计算量小，仅为累加、判断等工作，但要求的实时性最高。若位置控制定时器产生中断，此时处理器将立刻放弃正在处理的任务，立即转到位置控制模块去执行任务，这就要求上一个插补周期计算的数据必须在本次位置控制周期之前处理完成，否则会影响加工质量，产生不可预料的结果。

　　为了解决这个问题，在 RTSS 进程中，在插补处理线程和位置控制处理线程之间设计一个插补数据缓存区，同时需要选择一个比较合理的缓存容量，插补处理线程提前几个周期将处理后的数据存放在插补数据缓存区，位置控制处理线程可以读取插补数据缓存区数据。使用互斥体对象机制和 RtWaitForSingleObject 函数共同来维护数据写入与读取的安全性。

7.5　系统各功能模块算法实现

　　基于 Windows XP＋RTX 的数控系统软件各功能模块之间的信息流程如图 7-5 所示。

　　系统在实际执行过程中，数据传递定时器查询各种控制信息的更新，例如在自动加工方式下，当通过操作面板输入相应的控制信息时，响应来自面板的自动运行信息后，处理插补控制的定时器将会启动，插补定时器线程首先进行加减速规划得到坐标增量，然后启动位置控制模块进行精插补。图 7-6 所示为自动运行流程。

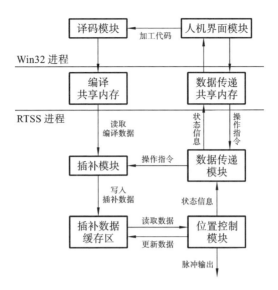

图 7-5 数控系统软件各功能模块间信息流程图

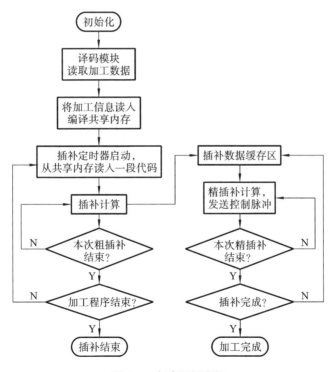

图 7-6 自动运行流程

在位置控制计算中将当前的实时坐标值、系统状态等数据信息传递到 RTSS 进程的全局变量中，再由数据传递模块将此数据信息写入数据传递共享内存中，最后从数据传递共享内存中读取数据,供上位机使用。

7.5.1　译码模块

数控机床加工零部件是以 G 代码作为输入的,为确保加工 G 代码程序的合理性和准确性,使用译码模块对数控加工程序进行程序校验及数据处理。

译码模块的功能是依据系统配置以及 G 代码编写的语法规则对数控加工程序进行代码检查,同时译码,将程序代码指令中给出的各种零件轮廓信息(如终点、起点、直线或曲线等)、速度信息(F 代码)和其他辅助信息(M、T 代码等)进行分离提取,按照一定的数据格式转换成计算机可以识别的信息和数据,并以一定的数据格式存储在规定的内存区域中,为系统持续加工提供数据来源。

在译码过程中,有时代码会存在词法和语法上的错误。若不检查就直接进行插补处理,一旦出现代码错误,极有可能造成重大损失。因此在译码过程中,还需要检查程序段的语法、词法等,如果检查出语法、词法等错误,会提示错误的原因和位置,方便修正。

译码是数控加工的基础,有解释和编译两种主要方式。解释方式就是边解释边执行,优点是占用内存小,操作编写代码简单;缺点是数据处理是串行的、顺序的,程序段之间也有可能存在停顿,影响工件加工质量,加工效率较低。编译方式下,系统首先把加工代码编译成等价的目标程序,在加工时由计算机处理器直接处理。虽然编译会占用大量内存空间,但是可以提高加工速度,满足数控加工实时性要求,加工效率较高。这里译码模块使用编译方式,即先将源代码加载到数控系统软件中转换成中间文件,再由插补模块读入中间文件后进行插补预处理。

不同品牌的数控系统依据自身特点,都会有特定的数控加工程序格式,它们有严格的标准和规范。一般来说,一个完整的数控加工程序格式由程序号、若干个程序段及代码结束指令构成。目前,程序段广泛使用字-地址程序格式形式,它是一种可变程序段格式,表示在一个程序段内字的长度及数据字的数目都是可变动的。每个程序段由若干字组成,是字-地址程序段的主要特点。每个字都是由英文字母开头,在字母后面跟数字,一个字表示控制系统中的一个具体指令。根据代码程序功能的不同,字可以划分为 7 种类型,分别为顺序号字、准备功能字、尺寸字、进给功能字、主轴转速功能字、刀具功能字以及辅助功能字。

通常情况下,数控系统对每个类型字的单位、允许字长等都有明确规定,因为数控系统软件内部的译码程序就是按照这种规定编写的。根据代码规则编写的特点,整个程序将按照行的顺序进行词法、语法检查。

以下就是字-地址程序段的示例,编写时每个相邻字数据之间都有空格,每个程序段的结尾也需要换行,表示本行程序段结束。

N010 G01 X23.9016 Y26.3268 Z33.5358 A32.2421 F900
N020 G01 X11.5820 Y12.2586 Z22.6386 A33.6239 F900

N030 G01 X13.9551 Y16.3568 Z23.5588 A36.2362 F900

......

N280 G01 X23.9389 Y26.3668 Z13.5358 A38.2092 F900

N290 G01 X21.5872 Y22.2589 Z12.6809 A39.6063 F900

N030 M20

译码模块需要实现两个主要功能,分别是代码检查和加工代码编译,其中代码检查是对读取的每一行加工程序段代码进行词法和语法检查,加工代码编译就是将检查后的加工代码程序编译成数控系统能够识别的代码并保存在缓存区的内存单元中。

代码检查时,逐行一一读入加工代码,存入字符数组 char strCh[200]中,依据字-地址程序格式进行分类、提取,根据"指令字+数据+空格符"标准分成多个指令组,然后调用词法检查子函数进行指令匹配,把不能识别的指令或不包含的字符错误从加工代码指令中寻找出来,再调用语法检查子函数检查是否存在指令格式错误、指令搭配错误等,直至检查出错误或程序代码返回执行。

编译过程的实现原理是调用对应的功能子函数来完成加工代码的功能识别,并且按照数控系统软件能识别和处理的数据格式进行存储。首先要打开加工代码检查后的文件,逐行读取加工代码存入字符数组 char strDe[200]中,并且要进行相应的一些处理,其次调用各功能子函数分析各指令组、提取出各指令值,最后按照以下数据格式写入编译文件译码文件中。

N 段号值 G 代码值 X 坐标值 Y 坐标值 Z 坐标值 C 坐标值 M 辅助值 F 速度值

译码模块是针对基于 Windows XP+RTX 的开放式数控系统软件开发的,能实现加工代码译码功能,同时具有一定的专一特征,如直接可留存加工类型和坐标值,对其他数控软件译码模块的开发有借鉴之处。

7.5.2　插补模块

在数字控制加工中,插补是指按照给定轨迹的起点和终点坐标、曲线函数,根据实时的进给速度在给定的轨迹上插入中间点。其实,插补的本质就是根据轨迹点信息完成更进一步的"密化"工作。

机床加工工件的轮廓时,刀具以给定的进给速度沿指定的轨迹运动,即数控机床的插补控制器(也称为运动控制器)要控制各坐标轴按照某些规律协调运动,称为机床的联动插补功能。在硬件数控系统中,插补控制器是专用的硬接线的数字电路设备;而在计算机数控系统中,插补控制器的硬件功能全部或者大部分是由计算机的软件来实现的。插补控制器依据工件程序数据段的信息,通过数字方式来进行处理,不断地向电机驱动器提供如何执行的信息。插补处理的速度影响系统的控制速度,同时插补计算的精度影响数控系统的精度,也就是插补精度。为此,研究者们一直在探寻一种计算处理速度快、精度高的联动插补方法。目前普遍应用的联动插补方法是数据采样插补,它主要利用时间分割法,依据每时刻计算的速度对轨迹点进行轨迹划分,得到各坐标轴数字增量。

1. 直线插补原理

如图 7-7 所示,被插补的直线段起点为 O,终点为 P_e。依据数据采样插补原理,对直线段 OP_e 进行插补的过程如下:从起始点开始,用微直线段($i = 1, 2, \cdots$)不断逼近被插补的直线段,直至到达直线段的终点。

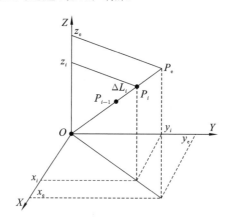

图 7-7　空间直线插补原理示意图

在直线段"密化"插补过程中,每一个插补周期内空间矢量 $\overrightarrow{P_{i-1}P_i}$ 的长度按加减速规律变化,到最后一个周期,端点 P_i 正好到达终点 P_e。插补轨迹的表达式为

$$\overrightarrow{OP_i} = \vec{N} \cdot L_i$$

式中　$\vec{N}$——被插补直线段方向的单位矢量,$\vec{N} = \dfrac{\overrightarrow{OP_i}}{|\overrightarrow{OP_i}|}$。

　　　L_i——动点 P_i 至线段起点 O 的距离,$L_i = L_{i-1} + \Delta L_i$。

将空间向量 $\overrightarrow{OP_i}$ 投影到空间各个坐标轴上,可以得到每个插补周期各点的坐标值 x_i、y_i、z_i。

2. 插补预处理

数控系统中运动控制处理具有强实时性,为了减少实时插补计算量,也就是缩短处理时间,在进行实时插补处理前需把不必要的计算过程进行简化处理。最精简的数学模型可以提高处理器的计算效率。其依据编译后的数据信息,将一些能一次性完成的计算任务,在实时插补前完成。对于直线段插补,插补预处理阶段需要完成的任务主要有以下几方面:

(1)计算将要插补直线段的长度:

$$L = \sqrt{(x_e - x_s)^2 + (y_e - y_s)^2 + (z_e - z_s)^2}$$

式中,x_s、y_s、z_s 为插补直线段在三维空间坐标系中的起点坐标,x_e、y_e、z_e 为插补直线段在三维空间坐标系中的终点坐标。

(2)计算单位矢量 $\vec{N}$ 在各个坐标轴方向的分量：

$$N_x = \frac{x_e - x_s}{L}; \quad N_y = \frac{y_e - y_s}{L}; \quad N_z = \frac{z_e - z_s}{L}$$

3. 实时插补计算

在数控系统中，实时插补是一个从小线段的起点开始到终点结束，插补周期为 T 的循环计算过程。在每一个插补周期中所要完成的计算任务如下。

(1)计算当前周期需要插补的直线段增量：

$$\Delta L_i = \frac{T \cdot V_i}{1000}$$

式中，V_i 为在当前线段的插补周期内的速度，可在加减速规划计算中得出，mm/s；T 为插补周期，ms。

计算出当前插补点至小线段起点的距离 L_i：

$$L_i = L_{i-1} + \Delta L_i$$

(2)计算动点的坐标增量值：

$$\begin{cases} \Delta x = \Delta L_i \cdot N_x \\ \Delta y = \Delta L_i \cdot N_y \\ \Delta z = \Delta L_i \cdot N_z \end{cases}$$

在实时插补算法中，加减速模块已经规划出每个插补周期的速度值。数据采样插补方法的特点是加减速为离散化的计算方法，可以实现高精度插补，小线段插补后没有残余误差。

7.5.3　离散 S 曲线加减速控制算法

连续小线段插补是数控机床加工的主要手段，若以各小线段为单位直接进行加减速，不仅造成伺服电机频繁加减速，导致加工工件表面质量下降，而且耗时多。因此，在保证加工精度的前提下，提高连续微小线段加工速度是中高档数控系统的关键。同时传统使用的梯形加减速规划方式，存在加速度不连续，易造成机床的振动，从而影响机床加工质量的问题。传统的连续小线段插补方法，在每个小线段的首末端速度要降为零，这种插补方法加工效率极低，不适用于高效的加工场合。

为此，提出一种针对连续小线段拐角多周期匀速衔接的插补算法。该算法通过在拐角处插入过渡圆弧来限制轮廓误差，依据机床的运动学和动力学特性约束求出最佳过渡速度，同时为了保证速度和加速度的连续性，避免由于加速度突变而引起机床的振动，提出采用离散 S 曲线加减速方式进行速度规划，以提高加工效率和加工质量。

为了限制连续小线段拐角处过渡时产生的误差，可在小线段之间插入相切的圆弧形成轮廓误差。如图 7-8 所示，加入圆弧后应当保证拐角精度的最大允许误差 $|q_iq| = e$。

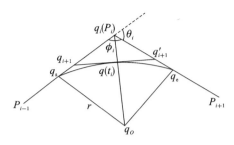

图 7-8　小线段衔接示意图

两相邻的连续小线段,第 i 段线段 $P_{i-1}P_i$ 长度为 l_i,第 $i+1$ 段线段 P_iP_{i+1} 长度为 l_{i+1},两小线段转角为 θ_i,则有 $\phi_i=\pi-\theta_i$。求过渡圆弧半径,则有

$$r=\frac{e\cos(\theta_i/2)}{1-\cos(\theta_i/2)}$$

过渡线段 $|q_sq_i|=|q_iq_e|=d_i$,$d_i=r\tan(\theta_i/2)$。

如果 $d_i>l_i$ 或 $d_i>l_{i+1}$,同时考虑第 i 段与上一段和第 $i+1$ 段与下一段有足够的衔接长度,则此时 $d_i>l_i/2$ 或 $d_i>l_{i+1}/2$,这里取 $l_i/2$ 和 $l_{i+1}/2$ 两者中的最小值为过渡距离,即 $d_i=\min\{l_i/2,l_{i+1}/2\}$。

空间小线段 $P_{i-1}P_i$ 和 P_iP_{i+1} 间过渡圆弧半径确定后,需要计算圆弧的插补起点 q_s 和终点 q_e 坐标。圆弧起点 q_s 和终点 q_e 分别是线段 $P_{i-1}P_i$ 和线段 P_iP_{i+1} 的内分点,则有

$$q_s=\frac{d_iP_{i-1}+(l_i-d_i)P_i}{l_i}$$

$$q_e=\frac{(l_{i+1}-d_i)P_i+d_iP_{i+1}}{l_{i+1}}$$

通常情况下,曲线过渡插补计算较直线插补计算复杂,加上要同时进行速度规划,则又加大了计算的难度,但曲线过渡插补可提高小线段转接的光滑性,增加过渡效率和提升运动的平稳性。针对这种矛盾,需寻找一个新的方法,既能降低插补难度又能达到插补过渡曲线的目的。如图 7-8 所示,在线段 $P_{i-1}P_i$ 和线段 P_iP_{i+1} 中分别找到 q_{i+1} 和 q'_{i+1} 点,且 $q_{i+1}q'_{i+1}$ 直线与圆弧相切于 t_i 点,使得直线段 q_sq_{i+1}、$q_{i+1}q'_{i+1}$、$q'_{i+1}q_e$ 与圆弧 $\overset{\frown}{q_sq_e}$ 围成的面积最小,则可认为三个线段是逼近圆弧的最佳线段。也就是要求 $\triangle q_{i+1}q_iq'_{i+1}$ 面积 S 的最大值,则有优化函数

$$S=\frac{1}{2}\sin\phi_i|q_iq_{i+1}||q_iq'_{i+1}|$$

同时由图 7-8 的几何关系知,要满足如下几何约束条件:

$$r(|q_iq_{i+1}|+|q_iq'_{i+1}|-d_i)-\frac{1}{2}\sin\theta_i|q_iq_{i+1}||q_iq'_{i+1}|=0$$

构造拉格朗日乘数函数:

$$f = \frac{1}{2}\sin\phi_i |q_i q_{i+1}| |q_i q'_{i+1}| + \lambda \left[r(|q_i q_{i+1}| + |q_i q'_{i+1}| - d_i) - \frac{1}{2}\sin\theta_i |q_i q_{i+1}| |q_i q'_{i+1}| \right]$$

对上式函数变量求偏导,得方程组

$$\begin{cases} \dfrac{\mathrm{d}f}{\mathrm{d}|q_i q_{i+1}|} = \dfrac{1}{2}(\sin\phi_i - \lambda\sin\theta_i)|q_i q'_{i+1}| + \lambda r \\[2mm] \dfrac{\mathrm{d}f}{\mathrm{d}|q_i q'_{i+1}|} = \dfrac{1}{2}(\sin\phi_i - \lambda\sin\theta_i)|q_i q_{i+1}| + \lambda r \\[2mm] \dfrac{\mathrm{d}f}{\mathrm{d}\lambda} = r(|q_i q_{i+1}| + |q_i q'_{i+1}| - d_i) - \dfrac{1}{2}\sin\theta_i |q_i q_{i+1}| |q_i q'_{i+1}| \end{cases}$$

求最优值时应满足上式各式为零,解得最值时有 $|q_i q_{i+1}| = |q_i q'_{i+1}|$,同时直线 $q_{i+1} q'_{i+1}$ 为过 q 点的切线,则有

$$|q_s q_{i+1}| = |q_{i+1} q| = |q q'_{i+1}| = |q'_{i+1} q_e| = d'_{i+1}$$

式中,$d'_{i+1} = e/\tan(\theta_i/2)$。

利用这种几何特征,可简化圆弧过渡插补计算,同时具有圆弧插补效果。在一个插补周期 T 内插补的距离为 d'_{i+1},拐角过渡插补速度 $v_i = d'_{i+1}/T$。如图 7-8 所示,第一次拐角插补点计算如下:

$$\begin{cases} q_{i+1} = \dfrac{(d_i - d'_{i+1})q_s + d'_{i+1}q_i}{d_i} \\[2mm] q'_{i+1} = \dfrac{d'_{i+1}q_i + (d_i - d'_{i+1})q_e}{d_i} \\[2mm] t_i = \dfrac{q_{i+1} + q'_{i+1}}{2} \end{cases}$$

考虑机床动力学的特性,衔接速度要满足

$$v_i \leqslant \min\left\{ \frac{a_m T}{2\sin(\theta_i/4)}, \sqrt{a_m r} \right\}$$

其中,a_m 为机床允许的最大加速度。

若衔接速度不满足上式,需要针对圆弧 $\overset{\frown}{q_s t_i}$ 和圆弧 $\overset{\frown}{t_i q_e}$ 重新计算最佳过渡直线,根据对称性,只考虑圆弧 $\overset{\frown}{q_s t_i}$ 部分,圆弧 $\overset{\frown}{t_i q_e}$ 部分计算同理,如图 7-9 所示。

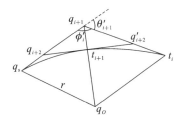

图 7-9　圆弧 $\overset{\frown}{q_s t_i}$ 段插补点计算

第二次圆弧 $\overset{\frown}{q_s t_i}$ 拐角处插补点计算如下:

$$
\begin{cases}
q_{i+2} = \dfrac{(d'_{i+1} - d'_{i+2})q_s + d'_{i+2}q_{i+1}}{d'_{i+1}} \\[3mm]
q'_{i+2} = \dfrac{d'_{i+2}q_{i+1} + (d'_{i+1} - d'_{i+2})t_i}{d'_{i+1}} \\[3mm]
t_{i+1} = \dfrac{q_{i+2} + q'_{i+2}}{2}
\end{cases}
$$

式中，$d'_{i+2} = e'/\tan(\theta'_{i+1}/2)$，$e' = |q_{i+1}t_{i+1}| = e(1-\cos\theta'_{i+1})/\cos\theta'_{i+1}$。

再按约束进行判断，若仍不满足条件，则继续按上述方法处理。拐角 θ_i 每进行一次迭代计算就按指数变化，第 n 次圆弧过渡逼近线段拐角为 $\theta_i/2^n$，可知迭代计算次数为有限次，最终确定插补点数据需 2^{n+1} 个插补周期和计算 $2^{n+1}-1$ 个插补点。

梯形加减速规划时存在加速度突变点，会使加加速度为无穷大值，容易造成机床的振动和噪声，从而易产生速度波动，导致机床运动精度降低。为满足运动精度要求，通常采用 S 曲线加减速即速度和加速度连续、加加速度有界的方法来实现机床加工的柔性控制和连续小线段拐角高速转接。实际控制中，连续加减速模型离散化后产生误差，因此可直接利用离散 S 曲线加减速模型达到精确控制的目的。离散 S 曲线加减速控制模型速度图如图 7-10 所示，依据加速度变化可把整个过程分为 5 个阶段：加加速段、减加速段、匀速段、加减速段、减减速段。为简化处理，假设加加速段和减加速段周期相等，为 n_a，加减速段和减减速段周期相等，为 n_d。

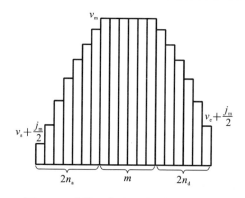

图 7-10　离散 S 曲线加减速模型速度图

假设插补时最大速度为 v_m，最大加速度为 a_m，最大加加速度为 j_m，起点速度为 v_s，终点速度为 v_e，小线段长度为 S。

$$
\begin{aligned}
S &= \sum_{i=1}^{n_a}\left(v_s + \frac{j_m}{2}i^2\right) + \sum_{i=1}^{n_a}\left(v_m - \frac{j_m}{2}i^2\right) + \sum_{i=1}^{m}v_m \\
&\quad + \sum_{i=1}^{n_d}\left(v_m - \frac{j_m}{2}i^2\right) + \sum_{i=1}^{n_d}\left(v_e + \frac{j_m}{2}i^2\right) \\
&= (n_a + n_d + m)v_m + n_a v_s + n_d v_e
\end{aligned}
$$

如果小线段长度 S 足够长，则可以加速到 v_m，所需的加速段和减速段周期分别为

$$n_{\mathrm{a}} = \sqrt{(v_{\mathrm{m}} - v_{\mathrm{s}})/j_{\mathrm{m}}}, \quad n_{\mathrm{d}} = \sqrt{(v_{\mathrm{m}} - v_{\mathrm{e}})/j_{\mathrm{m}}} \quad (\text{向下取整})$$

匀速段周期为

$$m = (S - n_{\mathrm{a}} v_{\mathrm{s}} - n_{\mathrm{d}} v_{\mathrm{e}})/v_{\mathrm{m}} - n_{\mathrm{a}} - n_{\mathrm{d}} \quad (\text{向下取整})$$

从上式可以得出,当 $m > 0$ 时,有速度为 v_{m} 的匀速段;反之,最高速度达不到 v_{m}。下面分别讨论这两种情况。

（1）最大速度为 v_{m}。

前面对 n_{a}、n_{d}、m 的计算值进行向下取整,可能存在剩余距离,即

$$S_{\mathrm{e}} = S - (n_{\mathrm{a}} + n_{\mathrm{d}} + m) v_{\mathrm{m}} - n_{\mathrm{a}} v_{\mathrm{s}} - n_{\mathrm{d}} v_{\mathrm{e}}$$

将剩余距离以 Δv 平均分配到加速段（包括加加速段和减加速段）和减速段（包括加减速段和减减速段）,如图 7-11 中阴影部分所示。经改进后,加速段的最后 1 个周期和减速段的第 1 个周期加上 Δv 后,考虑复杂状况可能会超过 v_{m},理想状况可不考虑。其余各周期 j_{m} 不变。

由上可知,在可以达到最大速度 v_{m} 情况下,第 i 个周期的速度为

$$v_i = \begin{cases} v_{\mathrm{s}} + \dfrac{j_{\mathrm{m}}}{2} i^2 + \Delta v, & 1 \leqslant i \leqslant n_{\mathrm{a}} \\[2mm] v_{\mathrm{m}} - \dfrac{j_{\mathrm{m}}}{2}(2n_{\mathrm{a}} - i)^2 + \Delta v, & n_{\mathrm{a}} \leqslant i < 2n_{\mathrm{a}} \\[2mm] v_{\mathrm{m}}, & 2n_{\mathrm{a}} \leqslant i \leqslant 2n_{\mathrm{a}} + m \\[2mm] v_{\mathrm{m}} - \dfrac{j_{\mathrm{m}}}{2}(i - 2n_{\mathrm{a}} - m)^2 + \Delta v, & 2n_{\mathrm{a}} + m < i \leqslant 2n_{\mathrm{a}} + n_{\mathrm{d}} + m \\[2mm] v_{\mathrm{e}} + \dfrac{j_{\mathrm{m}}}{2}(2n_{\mathrm{a}} + 2n_{\mathrm{d}} + m - i)^2 + \Delta v, & 2n_{\mathrm{a}} + n_{\mathrm{d}} + m \leqslant i \leqslant 2n_{\mathrm{a}} + 2n_{\mathrm{d}} + m \end{cases}$$

（2）最大速度小于 v_{m}。

当速度达不到最大值 v_{m} 时,可认为只有一个周期的匀速段,同时简化考虑加速段和减速段周期数相等,有 $n_{\mathrm{a}} = n_{\mathrm{d}}$,且有 v_{m}' 大于 v_{s} 和 v_{e},如图 7-12 所示,则速度为

$$v_{\mathrm{m}}' = j_{\mathrm{m}}(n_{\mathrm{a}} + 1)^2 + v_{\mathrm{s}}$$

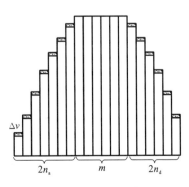

图 7-11　调整后速度图

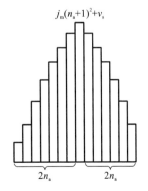

图 7-12　最大速度小于 v_{m} 的速度模型

此时小线段长度为

$$S = \sum_{i=1}^{n_{\mathrm{a}}} \left(v_{\mathrm{s}} + \frac{j_{\mathrm{m}}}{2}i^2 \right) + \sum_{i=1}^{n_{\mathrm{a}}} \left(v'_{\mathrm{m}} - \frac{j_{\mathrm{m}}}{2}i^2 \right) + v'_{\mathrm{m}}$$

$$+ \sum_{i=1}^{n_{\mathrm{a}}} \left(v'_{\mathrm{m}} - \frac{j_{\mathrm{m}}}{2}i^2 \right) + \sum_{i=1}^{n_{\mathrm{a}}} \left(v_{\mathrm{e}} + \frac{j_{\mathrm{m}}}{2}i^2 \right)$$

$$= (2n_{\mathrm{a}} + 1)v'_{\mathrm{m}} + n_{\mathrm{a}}(v_{\mathrm{s}} + v_{\mathrm{e}})$$

联立上两式求解一元三次方程,可以得出 n_{a}。匀速段距离为 $S - n_{\mathrm{a}}(v_{\mathrm{s}} + v_{\mathrm{e}}) - 2n_{\mathrm{a}}v'_{\mathrm{m}}$。
所以匀速段周期数为

$$m = \frac{S - n_{\mathrm{a}}(v_{\mathrm{s}} + v_{\mathrm{e}}) - 2n_{\mathrm{a}}v'_{\mathrm{m}}}{v'_{\mathrm{m}}} = \frac{S - n_{\mathrm{a}}(v_{\mathrm{s}} + v_{\mathrm{e}})}{v'_{\mathrm{m}}} - 2n_{\mathrm{a}}$$

所以剩余距离 $S_{\mathrm{e}} = S - (2n_{\mathrm{a}} + m)v'_{\mathrm{m}} - n_{\mathrm{a}}(v_{\mathrm{s}} + v_{\mathrm{e}})$,将其以 Δv 插入加速段和匀速段中。所以,在达不到最大速度 v_{m} 情况下,第 i 个周期的速度为

$$v_i = \begin{cases} v_{\mathrm{s}} + \dfrac{j_{\mathrm{m}}}{2}i^2 + \Delta v, & 1 \leqslant i \leqslant n_{\mathrm{a}} \\[2mm] v'_{\mathrm{m}} - \dfrac{j_{\mathrm{m}}}{2}(2n_{\mathrm{a}} - i)^2 + \Delta v, & n_{\mathrm{a}} \leqslant i \leqslant 2n_{\mathrm{a}} \\[2mm] v'_{\mathrm{m}}, & 2n_{\mathrm{a}} \leqslant i \leqslant 2n_{\mathrm{a}} + m \\[2mm] v'_{\mathrm{m}} - \dfrac{j_{\mathrm{m}}}{2}(i - 2n_{\mathrm{a}} - m)^2 + \Delta v, & 2n_{\mathrm{a}} + m < i \leqslant 3n_{\mathrm{a}} + m \\[2mm] v_{\mathrm{e}} + \dfrac{j_{\mathrm{m}}}{2}(4n_{\mathrm{a}} + m - i)^2 + \Delta v, & 3n_{\mathrm{a}} + m \leqslant i \leqslant 4n_{\mathrm{a}} + m \end{cases}$$

7.5.4　位置控制模块

位置控制模块通过计算机并行端口输出"脉冲+方向"的控制信号,再由步进电机驱动器发送给可以接收脉冲信号的步进电机或特定伺服电机。脉冲信号是由 PC 主机系统实时扩展的 RTX 高精度定时器产生的。为了提高开发效率,开发的数控系统中步进电机没有配备位置检测传感器来进行闭环控制,只能进行开环控制,但这不影响控制的效果。

每个插补周期得到的各个轴的坐标增量均为数字量,为了将数字量转换为实时溢出脉冲信号,依据数字积分法(digital differential analyzer,DDA)对插补后的坐标增量进行精插补,并且分配各坐标的进给脉冲,以达到对步进电机的联动控制。

数字积分法就是用数字积分的方法计算刀具每个位置控制周期沿各坐标轴的位移,这样就可以完成各种函数的处理运算。数字积分法每步执行指令简单、耗时少、运算速度快、脉冲分配较均匀,可以实现多轴的联动控制。

如图 7-7 所示,起点在原点,终点为 P_{e},计算出每次插补周期,可以得到坐标增量值 $(\Delta x, \Delta y, \Delta z)$,动点每个插补周期的速度为 V_i、V_x、V_y、V_z 分别表示每个周期插补点在 X 轴、Y 轴和 Z 轴方向的速度分量,则在插补周期 T 中各轴的移动距离分

别为

$$L_x = \int_0^T V_x \, dt; \quad L_y = \int_0^T V_y \, dt; \quad L_z = \int_0^T V_z \, dt$$

依据数字积分法思想,把一个周期内的各个轴坐标增量通过合理划分后,再在每个位置控制周期内处理,并判断何时发送脉冲,则可以将一个插补周期积分区间 $[0,T]$ 细分为长度为 λt 的 n 段,则通过 n 次累加可以得到近似值,即

$$L_x \approx \sum_1^n V_x \lambda t; \quad L_y \approx \sum_1^n V_y \lambda t; \quad L_z \approx \sum_1^n V_z \lambda t$$

由于 $V_x = \dfrac{\Delta x}{T}, V_y = \dfrac{\Delta y}{T}$ 和 $V_z = \dfrac{\Delta z}{T}$ 在积分过程中为常数,且 $\lambda t = \dfrac{T}{n}$,则上式可以写成

$$L_x = \sum_1^n \frac{\Delta x}{n}; \quad L_y = \sum_1^n \frac{\Delta y}{n}; \quad L_z = \sum_1^n \frac{\Delta z}{n}$$

当在一个插补周期中累加 n 次后,就有 $L_x = \Delta x, L_y = \Delta y, L_z = \Delta z$。

(1)各个坐标轴积分函数计算:

$$I_x = \frac{\Delta x}{n\varepsilon}; \quad I_y = \frac{\Delta y}{n\varepsilon}; \quad I_z = \frac{\Delta z}{n\varepsilon}$$

式中,Δx、Δy、Δz 分别为插补一次各坐标增量值;ε 为脉冲当量。

在每个插补周期进行数字-脉冲转换中,积分函数 I_x、I_y、I_z 只需要进行一次计算,可以将其放在插补模块中计算,这样可以减少位置控制模块的处理量。

(2)每一个位置控制周期进行累加计算:

$$\begin{cases} \Delta X_i = \Delta X_{i-1} + I_x \\ \Delta Y_i = \Delta Y_{i-1} + I_y \quad\quad 1 \leqslant i \leqslant n \\ \Delta Z_i = \Delta Z_{i-1} + I_z \end{cases}$$

(3)在每个插补周期中,机床刀具的瞬时速度通过各个轴的坐标增量 Δx、Δy、Δz 来表现,在位置控制模块中由于累积次数 n 为恒值,如果在一个插补周期溢出的脉冲多,则速度快,反之亦成立。

每个位置控制周期需要实时判断脉冲是否溢出,整个位置控制模块设计流程图如图 7-13 所示。

在每一个插补周期中,得到的 Δx、Δy、Δz 增量值通常情况下不是脉冲当量的整数倍,在一个插补周期处理中经过 n 次累加后,数值累加器 DeltaX、DeltaY、DeltaZ 通常存在小于 1 的余量值。这个问题的处理方法是,在同一个被插补直线段的每个插补周期中,应该继续留存每个轴的余量值,不需要对累加器进行清零处理,从而保证这一插补周期的直线段无累积脉冲丢失,并且可以提高下一次脉冲溢出的效率。但在插补下一直线段时需要将各个轴的累加器清零,这样可避免产生脉冲错误溢出的情况。

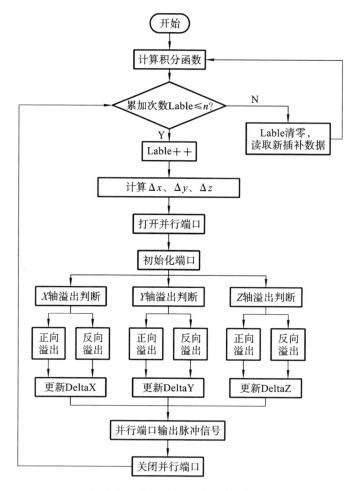

图 7-13　位置控制模块设计流程图

7.6　数控系统实验与研究

7.6.1　系统实验方案

本实验装置中 XY 运动平台为 C7 型滚珠丝杠,其导程 S 值为 5 mm,步进电机的步距角为 1.8°。通过实验分析后光电隔离步进电机驱动板配置 8 细分,这时发送 1600 个脉冲,则步进电机转动一圈。脉冲当量 $\varepsilon = \dfrac{5}{1600}$ mm $= 0.003125$mm,设插补周期 $T = 4$ ms,位置控制周期 $\lambda t = 200\ \mu s$,则 $n = T/\lambda t = 20$,机床各个轴速度分量需要

满足 $V_j \leqslant \dfrac{n\varepsilon}{T} = 15.625$ mm/s。

实验的系统参数设定值见表 7-2。

表 7-2　系统参数设定值

参数名称	参数值
滚珠丝杠导程	5 mm
步进电机步距角	1.8°
步进电机驱动器细分数	8 细分
最大加速度 a_m	200 mm/s^2
最大加加速度 j_m	5000 mm/s^3
各个轴的最大速度	15.625 mm/s
插补周期	4 ms
位置控制周期	200 μs

7.6.2　加工实例

用以下实例验证开发的开放式数控系统的加工效率。其中,最大速度的限制可以在功能模块编程时规定,则可以省略 F 代码。

1. 鸽子实例

设计的鸽子实例简化的加工代码源文件如下:

```
G01 X0.0      Y0.0
G01 X29.7089 Y32.3046
G01 X29.7089 Y27.8342
G01 X31.5806 Y24.7094
G01 X36.1123 Y22.3395
G01 X40.8652 Y22.3395
……
G01 X23.8886 Y35.3973
G01 X24.2280 Y33.9337
G01 X25.1035 Y32.7734
G01 X26.0147 Y32.2201
G01 X27.2118 Y31.9881
G01 X29.7089 Y32.3046
```

图 7-14 所示为鸽子实例加工代码在 Win32 系统软件中的运行结果。

鸽子实例实验结果如图 7-15 所示。该实验的目的是验证当插补的连续小线段长度比较长,即各个轴插补的速度达到最大速度时系统软件的运行效果。在实验过

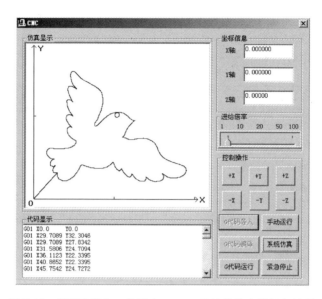

图 7-14　鸽子实例加工代码在 Win32 系统软件中的运行结果

程中,其各个电机转动噪声小,过渡平滑,实验的仿真和结果与设计的源代码相吻合。

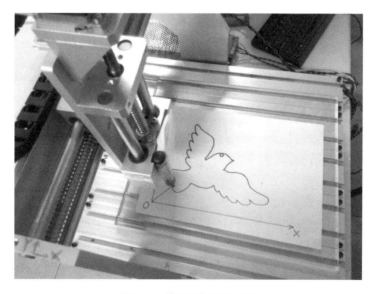

图 7-15　鸽子实例实验结果

2. 蝴蝶实例

设计的蝴蝶实例简化的加工代码源文件如下:

G01 X0.0　　　Y0.0

G01 X31.7708 Y28.7848

G01 X34.5337 Y27.5076

G01 X38.4274 Y28.6819

G01 X40.5211 Y31.1773

G01 X42.2567 Y34.5291

······

G01 X34.6583 Y37.4092

G01 X32.5927 Y35.3406

G01 X31.1536 Y33.2317

G01 X30.7311 Y31.2667

G01 X30.9026 Y30.0482

G01 X31.7708 Y28.7848

图 7-16 所示为蝴蝶实例加工代码在 Win32 系统软件中的运行结果。

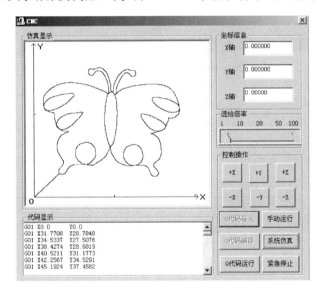

图 7-16　蝴蝶实例加工代码在 Win32 系统软件中的运行结果

蝴蝶实例实验结果如图 7-17 所示,该实验的目的就是验证当插补连续小线段的长度较小,各个轴需要重新求得最大速度时系统的运行效果。在实验过程中,其各个电机转动噪声小,过渡平滑,实验的仿真和结果与设计的源代码相吻合。

7.6.3　系统分析

在插补模块中,对速度运用了离散 S 曲线加减速规划,可以利用系统软件中加减速规划模块在 MATLAB 软件中进行仿真,能大大缩短加工时间,效率高。在搭建的整个数控系统中,误差主要有滚珠丝杠导程误差、步进电机精度、步进电机丢失脉冲现象、累加器清零出现的误差。

本实验中使用的滚珠丝杠为 C7 系列,行程为 300 mm,滚珠丝杠导程误差为

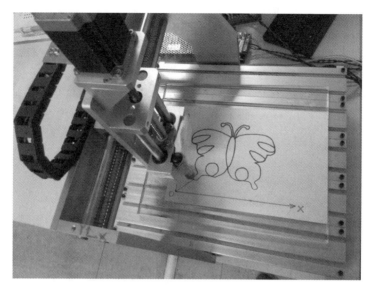

图 7-17　蝴蝶实例实验结果

0.01 mm;步进电机的步距角为 1.8°,在使用 8 细分的情况下虽能提高电机的分辨率,但不能改变精度,所以电机精度为 0.025 mm。由于实验条件限制,开环控制不能定量分析电机丢失脉冲现象。对于累加器清零出现的误差,使用数据采样法进行插补计算时,利用离散 S 曲线加减速规划处理,在每一个插补周期中得到各个轴的坐标增量值;同时,在直线段插补时不产生残余误差,不会产生原理性误差。在位置控制模块算法中,采用数字积分法来实现实时溢出脉冲控制,在一个直线段被加工完成之后需要进行累加器清零,而清零误差将小于一个脉冲当量,该脉冲当量为0.003125 mm,所以在整个数控软件算法中,累加器清零出现的误差小于0.003125 mm。

　　综上,在不考虑丢步的情况下,系统控制误差大约为 0.038125 mm。在实验中,步进电机运行流畅,没有出现严重的丢步现象,否则实验结果图形误差会变大。

本章参考文献

[1]　杜少华.开放式数控系统可重构技术研究[D].沈阳:中国科学院大学沈阳计算技术研究所,2012.

[2]　WAN J F, LI D, ZHANG P. Key technology of embedded system implementation for software-based CNC system [J]. Chinese Journal of Mechanical Engineering,2010,23(2):217-224.

[3]　赵亮社.基于 PC 的开放式数控系统体系的应用分析[J].微计算机信息,2009(19):120,123-124.

[4]　YU D, HU Y, XU X W, et al. An open CNC system based on component

technology[J]. IEEE Transactions on Automation Science and Engineering, 2009,6(2):302-310.

[5]　WANG Y Z,MA X B,CHEN L J,et al. Realization methodology of a 5-axis spline interpolator in an open CNC system [J]. Chinese Journal of Aeronautics,2007,20(4):362-369.

[6]　CHI Y L. An evaluation space for open architecture controllers [J]. International Journal of Advanced Manufacturing Technology,2005,26(4):351-358.

[7]　郑魁敬,高建设. 运动控制技术及工程实践[M]. 北京:中国电力出版社,2009.

[8]　周凯. PC 数控原理、系统及应用[M]. 北京:机械工业出版社,2006.

[9]　张广立,付莹,杨汝清,等. 基于 Windows NT 的开放式机器人实时控制系统[J]. 上海交通大学学报,2003,37(5):724-728.

[10]　CHEN Z Y,GUO W,WANG L F,et al. Research on open CNC system based on Windows NT and RTX[J]. Computer Integrated Manufacturing Systems, 2006,4(12):568-572,640.

[11]　张蕾. 基于 RTX 的全软件数控系统的研究[D]. 秦皇岛:燕山大学,2006.

[12]　秦承刚. 开放式数控系统的实时操作系统优化技术研究与应用[D]. 北京:中国科学院大学,2012.

[13]　梁宏斌,王永章. 基于 Windows 的开放式数控系统实时问题研究[J]. 计算机集成制造系统,2003,9(5):403-406.

[14]　王险峰,刘宝宏. Windows 环境下的多线程编程原理与应用[M]. 北京:清华大学出版社,2002.

[15]　明日科技,宋坤,刘锐宁,等. Visual C++开发技术大全[M]. 北京:人民邮电出版社,2007.